STATISTIQUE MÉDICALE ET HYGIÈNE

ÉLÉMENTS

DE

LA POPULATION

DANS LA VILLE DE TOUL

Par HUSSON, ancien pharmacien

Lauréat de l'Institut (Académie des Sciences), Membre correspondant de la Société de pharmacie de Paris, de l'Académie de Stanislas et de la Société de médecine de Nancy, etc., etc.

La *Statistique* est une sûre et sage conseillère, indispensable au bonheur des peuples.

L'*Hygiène* entretient et donne la santé et la force ; elle possède le secret d'arriver à une longue existence.

TOUL

Imprimerie de T. Lemaire, Parvis de la Cathédrale, 6.

1878.

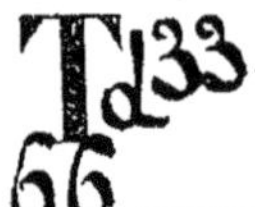

STATISTIQUE MÉDICALE ET HYGIÈNE

ÉLÉMENTS

DE

LA POPULATION

DANS LA VILLE DE TOUL

Par HUSSON, ancien pharmacien

Lauréat de l'Institut (Académie des Sciences), Membre correspondant de la Société de pharmacie de Paris, de l'Académie de Stanislas et de la Société de médecine de Nancy, etc., etc.

La *Statistique* est une sûre et sage conseillère indispensable au bonheur des peuples.

L'*Hygiène* entretient et donne la santé et la force ; elle possède le secret d'arriver à une longue existence.

TOUL

Imprimerie de T. Lemaire, Parvis de la Cathédrale, 6.

—

1878.

ÉLÉMENTS

DE LA

POPULATION

DANS LA VILLE DE TOUL.

Après avoir fait connaître autrefois notre ville sous le rapport géologique, archéologique, etc., il nous a semblé nécessaire de l'étudier aussi au point de vue de l'existence humaine et de l'hygiène. Tel fut l'objet de la notice publiée, en 1861, sous le titre de *Mouvement de la population dans la ville et dans l'arrondissement de Toul*. La bienveillance avec laquelle cet ouvrage fut accueilli par l'Académie des sciences et une autre considération plus puissante encore nous ont engagé à le revoir et à le continuer. Chargé, comme adjoint au Maire, du service relatif aux actes de l'Etat civil, à l'enseignement primaire et à l'hygiène, nous nous sommes fait un devoir de chercher à aider, en ce qui concerne Toul, à la solution des grandes questions à l'ordre du jour : mortalité de la première enfance, enfants naturels, mort-nés, rétablissement des tours, dépopulation, instruction (cette dernière partie a été publiée en 1877). Nous croyons avoir apporté, dans l'accomplissement de cette tâche une foi sincèrement républicaine et toute la conscience possible.

La nouvelle édition qui, pour les motifs indiqués plus loin, s'arrête à 1872, part de 1842; elle a pour terme de comparaison les éléments de la population en France et, pour arriver au but que nous nous sommes proposé, elle jette un coup d'œil rétrospectif sur Toul, en 1820 et en 1789. Le plan est à peu près le même que celui de la première édition en tête de laquelle nous exprimions notre gratitude à quel-

à 30, 1 sur 89; à 35, 1 sur 70; à 40, 1 sur 35; à 45, 1 sur 50, et ainsi de suite jusqu'à ce que, de l'armée que nous avons suivie depuis sa naissance, il ne reste plus personne pour mourir, ce qui a lieu de 95 à 100 ans.

C'est l'histoire de ces différentes phases de la vie, à Toul, naissances, mort-nés, mariages, décès, avec leurs subdivisions et les faits ou incidents qui s'y rattachent que nous allons retracer, en établissant d'abord des termes de comparaison.

1re Partie, relative à la France tout entière.

Moyenne de la population, (OPTIONS COMPRISES).

1858 — 1872. . . .	37,224,302	habitants.
1842 — 1872. . . .	36,235,117	id.
1842 — 1857. . . .	35,307,756	id.
1841. . . .	34,230,178	id.
1820. . . .	30,451,187	id.

Voici comment ces moyennes ont été obtenues, en prenant pour exemple 1842-1857. Le recensement quinquennal de 1841 a été × 4, c'est-à-dire par les quatre années 1842-1845, celui de 1846 par 5, celui de 1851 également par 5 et celui de 1856 par 2 (pour 1856, 1857). Le produit total a ensuite été divisé par 16.

Subdivision de la population par 1,000 habit.

HOMMES

	1842-1872	1842-1857	1831	1821
Célibataires. .	274.99	278.85	282	279.3
Mariés . . .	197.50	193.73	186	184.1
Veufs. . . .	24.31	22.92	22	22.3
Total. .	496.80	495.50	490	485.7

FEMMES

	1842-1872	1842-1857	1831	1821
Célibataires. .	258.01	264.1	279	284.
Mariées. . .	196.71	193.12	186	185.8
Veuves . . .	48.48	47.28	45	44.5
Total. .	503.20	504.50	510	514.3

Moyenne annuelle des éléments de la population,

y compris, approximativement, ceux du département de la Seine, en 1870, qui ne figurent pas dans l'Annuaire du Bureau des longitudes.

NAISSANCES

ENFANTS LÉGITIMES			ENFANTS NATURELS			TOTAL GÉNÉRAL.
Garçons.	Filles.	Total.	Garçons.	Filles.	Total.	
1842-1857.						
457,040	432,256	889,296	35,113	33,866	68,979	958,275
1858-1872.						
465,493	442,810	908,303	37,842	36,690	74,532	982,835
1842-1872.						
461,131	437,362	898,493	36,433	35,233	71,666	970,159

MORTS-NÉS	MARIAGES	DÉCÈS		
		Hommes.	Femmes.	Total.
1842-1857.				
33,687	281,443	424,807	420,029	844,836
1858-1872.				
45,637	298,518	466,671	446,548	913,219
1842-1872.				
39,469	289,705	445,064	432,861	877,925

Ces moyennes résultent des renseignements fournis par l'*Annuaire du Bureau des longitudes*; elles ne seraient pas les mêmes d'après ceux de la *Statistique générale de France*. L'écart entre les deux ouvrages porte sur l'année 1869 et voici quelle en est l'importance :

	ANNUAIRE DU BUREAU des longitudes.	STATISTIQUE GÉNÉRALE de France.
Naissances	998,727	948,315
Mort-nés.	47,633	» »
Mariages.	315,413	303,482
Décès.	914,340	864,320

Cette différence tient à ce qu'au moment où furent dressés les états de 1869, les désastres de la guerre ne permirent pas de rassembler tous les éléments de la population dans la Meurthe, la Moselle, le Bas-Rhin et le Haut-Rhin. L'*Annuaire* y suppléa par ceux de 1868, ces éléments variant peu d'une année à l'autre ; mais la *Statistique* ne suivit pas le même système. C'est celui de l'Annuaire que nous avons adopté.

Éléments de la population, par 100 habitants.

	NAISSANCES ENFANTS						MORT-NÉS	
	LÉGITIMES			natur.	en	1 pour		
	garç.	filles.	total	total	tout	habit.	total	1 pour habit.
1781-1784					3.89	25.71		
....					....	.....		
1801-1810					3.19	31.35		
1811-1820					3.17	31.55		
1821-1830					3.09	32.36		
1831-1841					2.90	34.48		
1842-1857	1.29	1.22	2.51	0.20	2.71	36.90	0.10	100. ««
1858-1872	1.25	1.19	2.44	0.20	2.64	37.88	0.12	83.33
1842-1872	1.27	1.21	2.48	0.20	2.68	37.38	0.11	90.91
1873-1876					2.55	39.22		

	MARIAGES		DÉCÈS			
	total	1 pour habitants	hom.	fem.	total	1 pour habitants
1781-1784	0.96	104.17			3.69	27.10
....	....	......			....	.....
1801-1810	0.76	131.58			2.77	36.10
1811-1820	0.79	126.58			2.60	38.46
1821-1830	0.78	128.21			2.50	40.
1831-1841	0.80	125.			2.33	42.92
1842-1857	0.80	125.	1.20	1.19	2.39	41.84
1858-1872	0.80	125.	1.25	1.20	2.45	40.82
1842-1872	0.80	125.	1.23	1.19	2.42	41.24
1873-1876	0.80	125.			2.54	39.37

Durée de la vie moyenne.

1790.	28 ans 9 mois	
1817.	31 — 8 —	
1834.	34 — 4 —	
1854.	37 — 4 —	
1872 hommes.	39	40 ans.
1872 femmes	41	

Années 1866 et 1867 seules.

Les nombres qui précèdent, relatifs à diverses périodes plus ou moins favorables aux éléments de la population, se résument en une moyenne qui sera la base essentielle de notre travail. Mais voici en outre un excellent terme de comparaison fourni par 1866 et 1867 dont la moyenne des décès correspond, précisément à celle de Toul, période de 1842-1872. Ces deux années ayant offert une situation normale, intéressante, par conséquent, aux points de vue qui nous occupent, il n'est pas inutile d'en consigner les résultats à part.

1866-1867.

1° Moyenne, par jour, des éléments de la population. Classement des mois, d'après la moyenne par jour.
(Voir le tableau A, à la fin de ce mémoire).

2° Moyenne annuelle des mariages, par catégories d'âges.
(Voir le tableau B, à la fin de ce mémoire).

3° Décès par âge. — Part proportionnelle de chaque catégorie et de chaque âge, par 100 décès. — Classement des groupes d'après la part proportionnelle des âges.
(Voir le tableau C, à la fin de ce mémoire.)

4° Décès par état civil.
(Voir le tableau D, à la fin de ce mémoire).

2me Partie.

VILLE DE TOUL.

HYGIÈNE PUBLIQUE.

Quand on verra, à la partie démographique, quel fut, dans notre cité, l'âge moyen des morts, en 1842-1872, on ne s'étonnera pas d'entendre dire que Toul est dans des conditions hygiéniques excellentes.

Son emplacement à l'endroit le plus large de la vallée de la Moselle; la disposition de cette vallée et de celle de l'Ingressin; les profondes échancrures qui isolent le mont Saint-Michel et la côte Barrine des collines coralrag-oxfordiennes et facilitent la circulation de l'air; la pureté des eaux de notre rivière, la nature et la déclivité de son lit; la bonne tenue des fossés de la place, du moins dans leur ensemble; les grands arbres qui garnissent les remparts et les glacis, etc.; tout cela constitue autant de circonstances extérieures favorables à la salubrité de la ville. Pénétrons maintenant dans ses murs et envisageons la d'abord par rapport à l'eau.

1° La ville est traversée par l'Ingressin divisé en deux branches dont l'une se trouve en parfait état et dont l'autre reçoit, en ce moment, les mêmes améliorations. Un travail de nivellement, soumis à l'appprobation de l'autorité supérieure, permettra d'utiliser encore mieux ce ruisseau dont les branches aboutissent au canal Vauban qu'alimente la Moselle.

2° Le sol d'alluvion sur lequel la ville est bâtie et la proximité de la Moselle — dont le niveau est néanmoins encore de 4 à 5 mètres au-dessous des rues les plus basses — permet d'avoir de l'eau de puits à volonté, très-fraîche et généralement bonne.

3° L'eau de fontaine n'est pas moins abondante. Sans parler de celle qui appartient à l'autorité militaire, elle était en août dernier, d'environ 625 litres par minute. Sur cette quantité, 45 litres, fournis par la côte St-Michel, desservent les habitations de la *gare* et de *Bellevue* et 10 litres, provenant de la *Justice*, ne sont pas encore utilisés.

La source de *Pierre-le-Châtre* (chemin vicinal de Villey-St-Etienne) dont le quart seulement est propriété communale fournit de 70 à 90 litres en été et 150 dans la saison des pluies. La part de la ville alimente la fontaine de la place du faubourg St-Mansuy (20 litres en été et 35 à la fonte des neiges).

Le surplus des eaux de sources est fourni par les deux fertiles et vastes plateaux de Taconnet et de St-Èvre, à base imperméable, argilo-marneuse oxfordienne et que recouvre une puissante couche perméable de diluvium alpin atteignant parfois 4 à 5 mètres de puissance. La part contributive de Taconnet est d'environ 300 litres en été et de 400 litres dans les temps de pluie. — Celle de St-Èvre, aux dites époques s'élève de 250 à 500. De nouvelles tranchées augmenteraient encore, au besoin, les quantités fournies par les deux plateaux.

De la question des eaux, passons aux autres *desiderata* réalisés depuis notre mémoire de 1861.

Le cimetière communal a été agrandi, en vue des concessions. Cette mesure qui permet de ne pas toucher au nombre des fosses ordinaires et de ne point les rouvrir avant une période de 13 à 14 ans, profitera aussi à l'hygiène.

En vue également de la salubrité non moins que dans l'intérêt de la circulation, les pavés de la ville sont bien entretenus ; il y a peu de rues sans trottoirs et l'on y trouve de nombreux aqueducs souterrains destinés à l'écoulement des eaux ménagères ou autres et qu'on nettoie facilement au moyen de la quantité d'eau dont on peut disposer.

Sept maisons ont été acquises et démolies pour élargir, aérer et assainir deux rues.

Vingt cinq mille francs ont servi à l'agrandissement et à l'assainissement de l'abattoir qui ne laisse plus rien à désirer, surtout par rapport à l'hygiène. Peut-être est-il regrettable de n'y pas voir la triperie modèle qu'on avait eu le projet d'y établir.

Dans un intérêt de salubrité, la ville a consacré aussi 25000 francs à l'établissement d'un dépotoir relatif aux fosses d'aisances.

D'autres sommes importantes ont servi à la construction, sur la rivière, de lavoirs publics et de bains, en partie gratuits, pour les femmes.

Il y aurait maintenant à traiter de quelques autres points : logement ; vêtement ; nourriture — alimentation de l'enfance surtout — professions ; hygiène selon les âges, le sexe et les saisons ; abus de l'alcool, du tabac, etc. ; mais ils sont surtout du domaine de l'hygiène privée et nous renvoyons aux ouvrages spéciaux ou aux notices qui résument les enseignements de la science à ce sujet, notamment en ce qui concerne les publications touloises, aux excellents conseils donnés par M. le docteur E. Bancel dans ses divers opuscules et aux deux ouvrages de M. C. Husson, pharmacien de 1re classe : *le lait,* dans lequel cet aliment est envisagé d'une manière à la fois si vraie, si utile et si intéressante ; *le vin,* dont le chapitre IV, *statistique et hygiène,* est une appréciation physiologique et morale sur l'usage de cette boisson.

TEMPÉRATURE ET PRESSION BAROMÉTRIQUE.

Il ne se fait point à Toul d'expériences thermométriques et barométriques régulières ; mais celles dont M. Mailland, instituteur communal à Foug adresse mensuellement le résultat à la Faculté des sciences de Nancy suppléent facilement à cette lacune, au moyen d'une petite correction. Les deux communes appartiennent à la vallée de l'Ingressin et ne sont éloignées, en ligne directe, que de 7 kilomètres ; seulement il existe entr'elles une différence d'altitude dont il y a lieu de tenir compte. Toul (parvis de l'église St-Gengoult) est à 216 mètres au-dessus du niveau de la mer et l'école de Foug se trouve à environ à 248 mètres. Dès lors, aux chiffres de la pression barométrique à Foug, il y a lieu d'ajouter trois millimètres pour avoir celle de Toul, d'après un calcul approximatif du à l'obligeance de M. Blanchecotte, capitaine du génie.

De même, d'après des observations thermoscopiques, thermométriques et hygrométriques, faites à Toul, depuis le mois de mars 1878, par M. Peaucellier, colonel-directeur du génie, qui a bien voulu nous les communiquer, il résulte que généralement il y a environ un degré de chaleur de plus à Toul qu'à Foug.

Sous le double rapport du thermomètre et du baromètre et après les deux corrections faites, la situation de Toul se résume ainsi, pour l'ensemble des trois années 1875, 1876 et 1877 :

TEMPÉRATURE (thermomètre centigrade).

Heures des observations : 7 et 9 h. du matin et 4 h. du soir.

	DEGRÉ ATTEINT		
	Maximum	Minimum	Moyen
Janvier	+ 15.5	— 10.5	+ 2.80
Février	+ 13.5	— 8.	+ 3.13
Mars	+ 19.	— 6.	+ 5.37
Avril	+ 24.5	+ 1.5	+ 11.89
Mai	+ 26.5	+ 3.5	+ 15.61
Juin	+ 34.5	+ 11.	+ 22.55
Juillet	+ 33.5	+ 14.5	+ 22.70
Août	+ 33.5	+ 13.5	+ 22.96
Septembre	+ 25.5	+ 5.5	+ 15.66
Octobre	+ 23.5	+ 1.	+ 10.65
Novembre	+ 15.	— 5.	+ 6.35
Décembre	+ 12.	— 10.5	+ 2.15
		Moyenne annuelle	+ 11.82

Voici les degrés au-dessous de 0 auxquels le thermomètre est descendu pendant chacun des trois hivers derniers :

1875. Janvier et décembre — 10.5 ; février — 7.5 ; mars et novembre — 3.5.

1876. Janvier — 10.5 ; février — 8 ; novembre — 5 ; mars et décembre — 3.

1877. Mars — 6 ; février — 4 ; janvier et décembre — 3.

Baromètre.

Hauteur la plus forte. . . .	768m 5
— — faible. . . .	719
— moyenne.	747 9

Classement des mois d'après leur moyenne.

Août.	749m9	Mai.	748m5	Novembre.	747m1
Juillet.	749.8	Octobre.	748.5	Avril.	746.7
Septembre.	749.8	Décemb.	748.3	Février.	744.9
Juin.	749.4	Janvier.	747.9	Mars.	744.4

Autres phénomènes météorologiques.

L'état suivant, qui concerne les quatre années 1874-1877 est le résumé des observations faites à Toul, écluse n° 25 pour le service hydraulique, par l'éclusier M. Ségault.

		Nombre de jours.
État du ciel (1)	Ciel pur ou presque pur.	64
	— couvert.	103.5
	— nuageux ou demi couvert. . . .	171.5
Brouillards.		26.25
Pluie ou neige ayant une certaine importance .		119.30
Pluie ou neige ne donnant que quelques gouttes ou quelques flammèches		15.5
Pluviomètre (placé à 212m894 d'altitude. La neige, la grêle et la gresillade sont fondues à une douce chaleur). Pour les résultats, voir ci-dessous,		
Gelées.		60.»
Orages	tonnerre sans pluie.	2.»
	— avec pluie.	10.8
	suites d'orages.	4.»
Vent fort		79.3

La différence qui existe entre la moyenne annuelle pluviométrique de Toul et celle de Foug nous engage à les transcrire l'une et l'autre :

	Nombre de jours de pluie.		Pluviomètre. Millimètres.	
	Toul	Foug	Toul	Foug
Mai - Octobre.	223	224	522.75	386.16
Les 6 autres mois.	. . .	. . .	472.75	352.91
Total. . . .			995.50	739.»»

(1) Les observations ont été faites à 9 h. du matin, jusqu'au 1er juillet 1875 et à 7 h. du matin, depuis cette époque.

Soit un quart en moins, à Foug, pour le même nombre de jours de pluie. Cela tient-il à une erreur ou à une question d'altitude ou de position? Nous nous contentons d'expose le fait, en signalant qu'entre les deux nombres de novembre-avril, il y a la même différence proportionnelle qu'entre ceux de mai-octobre. Voici, par mois, la moyenne des résultats de Toul (pluie, neige, etc.)

	NOMBRE DE		Pluviom.		NOMBRE DE		Pluviom.
	jours	heures et m.			jours	heures et m.	
Janvier.	7.7	83.45	59^{m}6	Juillet.	11.5	70.11	105.7
Février.	10.5	123.30	69.9	Août.	6.7	55.56	88.4
Mars.	13.»	135.23	87.7	Septemb.	10.»	72.8	90.5
Avril.	6.»	36.37	39.6	Octobre.	9.5	73.21	68.4
Mai.	9.7	54.8	79.9	Novembre.	14.2	148.53	124.6
Juin.	8.5	50.23	89.8	Décembre.	12.»	115.30	91.4
					Total. . .		995.5

Vents. Moyenne des quatre années 1874 - 1877.

Provenance d'un des points situés entre

le N. et l'O.	l'O. et le S.	le N. et l'E.	l'E. et le S.
Nombre de jours qu'ils ont donné du 1er avril au 31 octobre.			
42.»»	67.50	76.75	27.75
Pendant les 5 autres mois.			
29.50	72.50	41.75	17.50
Total.			
61.50	140.»»	118.50	45.25

Les vents de la provenance d'un des points situés entre l'O. et le S. sont les plus fréquents, surtout en hiver et, parmi eux, c'est celui du S.-O. qui domine ; en moyenne annuelle il a donné 96 fois.

Les états qui précèdent confirment cette appréciation de notre mémoire de 1861 sur les principaux caractères de chaque mois de l'année :

Mai, par lequel s'ouvre la bonne saison, n'est pas toujours le plus beau mois, principalement à son début. Mais le soleil, par suite de la hauteur qu'il atteint, ramène bientôt la chaleur que, par intervalle, on trouve même accablante. Ses gelées ne sont pas sans danger pour l'agriculture.

Viennent ensuite les orages de juin, généralement suivis de pluies assez longues et que renouvellent, si facilement, les premiers coups de soleil qui leur succèdent.

Juillet et Août sont une suite de jours sereins entremêlés d'orages : c'est du 15 juillet au 15 août qu'il y a le plus de chaleur.

Septembre est parfois encore orageux ; mais sa température douce et la sérénité assez constante du ciel en font, communément, un des mois les plus agréables.

Souvent Octobre, à son début, ne le cède pas à Septembre ; mais bientôt arrivent les brouillards et les gelées blanches.

Novembre commence ordinairement par un grand vent du sud-ouest ; puis la terre se dessèche, et on jouit des derniers beaux jours de la saison ; c'est *l'été de la Saint-Martin.* Mais celui-ci dure peu : les vents soufflent de nouveau ; la pluie souvent les accompagne ; les nuits deviennent longues et froides et on ne tarde pas à voir de la neige.

On est alors, généralement, en plein mois de décembre qui, communément, voit venir, avec l'époque du solstice, le commencement des grands froids.

Ces rigueurs persévèrent, non toutefois sans quelques interruptions, durant janvier et février qui se composent, principalement, d'alternances de beaux froids et de neige.

Mars offre déjà des jours médiocrement froids le matin, doux à midi et se caractérise par le souffle des vents du nord et de l'est, d'où résulte le *hâle de mars.*

Avril est connu par les calendes qui portent son nom. Sa température tient à la fois de celle de l'hiver et de celle du printemps.

Causes des décès.

La nature des décès servant aussi à apprécier un pays, nous terminerons cet aperçu relatif au climat de Toul, en signalant les causes de la mortalité durant la période toute récente de 1867-1877. Ces onze années comptent 2249 décès, savoir :

	Hommes.	Femmes.	Total.		Hommes.	Femmes	Total.
1877	117	104	221	1871	143	120	263
1876	129	97	226	1870	131	127	258
1875	130	106	236	1869	105	92	197
1874	97	76	173	1868	78	70	148
1873	109	79	188	1867	84	100	184
1872	77	78	155	TOTAL	1200	1049	2249
				MOYENNE. . .			204.45

Dans cet état ne sont pas compris les décès militaires, les mort-nés, les transcriptions ni les victimes de la guerre et cette expression s'applique seulement aux personnes tuées et à celles mortes des suites d'une blessure ; elle ne concerne pas les décès résultant des impressions causées par le siège ou par la guerre et dont le nombre est considérable, à en juger par les deux ou trois années du tableau ci-dessus, antérieures ou postérieures à 1870-1871. Quant aux victimes directes du siège, non comprises dans les chiffres précédents, elles s'élèvent à 42 militaires ou gardes nationaux, 6 civils et 4 femmes.

Les 204 décès sus rappelés sont dus aux causes suivantes :

	Hom.	Fem.	Total.
Fièvre typhoïde.	4.»»	3.46	7.46
Variole.	2.09	1.64	3.73
Apoplexie.	8.36	6.82	15.18
Ramollissement cérébral. .	82	82	1.64
Méningite.	5.54	2.36	7.90
Encéphalite.	1.54	64	2.18
Maladies du cœur (hypertrophie, dilatation, retrécissement, etc.	7.27	9.73	17.««
Hémorrhagie.	82	37	1.19
Croup.	73	46	1.19
Angine de toute nature. . .	91	36	1.27
Catarrhe.	8.73	8.46	17.19
Pleurésie.	1.27	0.82	2.09
Pneumonie.	7.54	7.09	14.63
Phthisie pulmonaire.. . .	8.91	7.»»	15.91
Gastrite.	1.36	».91	2.27
Entérite.	13.91	10.09	24.»»
Hernie..	».55	».64	1.19
Péritonite.	».91	1.82	2.73

	Hom.	Fem.	Total.
Maladies du foie.	2.54	2.27	4.81
Dyssenterie.	1.45	1.64	3.09
Diarrhée.	».54	».46	1.»»
Cancer des organes génitaux.	».»»	1.18	1.18
Erésipèle.	».36	».91	1.27
Abcès de toute sorte. . . .	».73	».27	1.»»
Hydropisie en général. . .	1.»»	».37	1.37
Cancer en général.	1.36	2.»»	3.36
Vieillesse.	3.36	7.46	10.82
Suicide.	1.73	».27	2.»»
Accidents.	3.73	».64	4.37
Faiblesse native.	2.27	2.36	4.63
Causes diverses, au nombre de 48, n'ayant produit, en moyenne annuelle, que des fractions de décès dont le total s'élève à	8.03	6.77	14.80
Mort subite (sans désignation) anémie, alcoolisme, asphyxie par submersion et par le gaz des fosses d'aisances, causes inconnues.	6.73	5.27	12.»»
TOTAL. . . .	109.09	95.36	204.45

Population municipale

Hospice compris; mais moins les jeunes militaires toulois portés sur les recensements de 1820-1824 et de 1831. (Les moyennes ont été prises comme celles de la France entière).

	Célibat.	Mariés.	Veufs.	TOTAL Hom.	TOTAL Femmes	TOTAL En tout.
1841 — 1872 hom.	1567	1464	145			
1841 — 1872 fem.	1909	1484	468			
1841 — 1872 total.	3476	2948	613	3176	3861	7037
1858-1872						6843
1842-1857						7202
1872	3249	2913	703	3141	3724	6865
1856	3278	2867	619	3013	3751	6764
1841	3662	2970	556	3138	4050	7188
1831	3882	2683	653	3173	4045	7218
1820	3976	2808	639	3314	4109	7423
1790	déce.			3539	4308	7847
1790	octob.					8112
1774						7749

En outre de l'influence des naissances et des décès sur le chiffre de la population, il y a diverses causes auxquelles revient une large part dans ses variations, ainsi :

1° Il résulte des archives que l'augmentation de la période 1774-1790 tient surtout à la prospérité du collége Saint-Claude.

2° Le registre municipal D, 23, dit : « La différence entre l'état du 11 octobre et celui du 11 décembre est due à la retraite de plusieurs bénéficiers religieux et étudiants ainsi qu'au renvoi de nombre de domestiques et à quelques enrôlements ».

3° En 1801 la population avait diminué de 1/8 et une note administrative (carton statistique) attribue cette différence *à la suppression des ci-devant maisons religieuses, au patriotisme des citoyens de Toul, lors de la formation de volontaires nationaux, aux réquisitions et aux conscriptions.*

4° La cause de la progression de 1861 a été indiquée dans notre mémoire de cette époque et nous donnerons plus loin notre avis sur celle, si considérable, de 1876.

Il y a aussi une autre conséquence à tirer du tableau ci-dessus. La période de 1857-1872 s'est un peu relevée, par rapport au dénombrement de 1856, mais elle n'en a pas moins été inférieure à celle de 1842-1857 puisque, de 7208 environ, le nombre des habitants est descendu à 6843. Nous en étudierons tout à l'heure les causes, mais, au-paravant, il importe de rechercher ce que produisirent les principaux éléments de la population, aux diverses époques qui nous occupent.

(Voir le tableau E, à la fin de ce mémoire).

Éléments de la population, dans leur ensemble.

1° 1819-1872. MOYENNE ANNUELLE.

Moins les enfants exposés, les transcriptions et les jugements rectificatifs (Pour les subdivisions par sexe, voir les états spéciaux).

	Naissances.	Mort-nés.	Mariages.	Décès.
1842-1872	158.03	13.42	55.08	183.77
1858-1872	144.07	11.60	52.50	174.40
1842-1857	171.13	15.13	57.50	192.56
1831-1841	188.37	15.55	58.50	193.55
1819-1830	207.»»	13.33	60.50	176.08

2° 1788 et 1789. MOYENNE ANNUELLE.

NAISSANCES, moins les enfants exposés et les enfants morts avant l'inscription au registre des naissances ou du baptême.		Enfants légit.	246.»		.... 276.5
		natur.	30.5		
MARIAGES.					68.5
DÉCÈS, moins la garnison, les enfants exposés et les enfants morts avant leur inscription au registre des naissances ou du baptême.	au-dessous de 2 ans	Enfants légit.	83.5	96.»	257.»
		natur.	12.5		
	au-dessus de 2 ans			161.»	

DÉCÈS non compris dans les précédents	Mort-nés proprement dit.	Quant. incon.
	Morts avant la déclaration de naissance, c'est-à-dire avant le baptême. . .	13.5
	Enfants exposés . . .	4.»
	Militaires de la garnison.	23.»
ENFANTS EXPOSÉS, non compris dans les naissances		4.5

Ce tableau, établi d'après les registres des paroisses, ne contient par conséquent pas les éléments de la population israélite; mais elle n'était pas nombreuse, à en juger par les trois seules naissances qu'elle a fournies durant les 14 premiers mois de la tenue des actes de l'état civil par les mairies (22 novembre 1792 au 31 décembre 1793) tandis qu'on en comptait neuf en 1808. Mais alors, comme cela résulte du registre des déclarations prescrites par le décret du 20 juillet 1808, il y avait déjà environ 45 ménages israélites composés de 242 personnes. Les enfants mineurs entraient dans ces chiffres pour 139, dont aucun, parmi ceux nés avant 1793, n'était originaire de Toul.

Envisageons maintenant chaque élément en particulier.

Naissances.

Enfants légitimes, enfants légitimés et enfants naturels reconnus ou non reconnus, (moins les enfants exposés).

MOYENNE ANNUELLE.

	ENFANTS LÉGITIMES			ENFANTS NATURELS			
	Garçons.	Filles.	Total.	Garçons.	Filles.	Total.	En tout.
1819-1830	»»	»»	177.92	»»	»»	29.08	207.»»
1831-1841	»»	»»	159.10	»»	»»	29.27	188.37
1842-1857	75.13	73.87	149.»»	12.32	9.81	22.13	171.13
1858-1872	67.90	61.30	129.2	7.47	7.40	14.87	144.07
1842-1872	71.61	67.81	139.42	9.97	8.64	18.61	158.03

Les enfants qui ont été légitimés s'élèvent à la moyenne annuelle suivante : 1819-1830, 3.33; 1831-1841, 4.45; 1842-1857, 4.75; 1858-1872, 4; 1842-1872, 4.36.

1842 - 1872.

Conceptions (moins celles des mort-nés). Moyenne par mois et classement des mois *d'après la moyenne par jour*. (1).

Naissances. Moyenne par mois. Leur correspondance avec les mois de conceptions.

Mois.	NAISSANCES moyenne par mois			CONCEPTIONS			NAISSANCES	
	garç.	Filles.	Total.	Mois.	Nombre	Classem.	Correspondance avec les conceptions.	Nombre
Janv.	8.03	6.45	14.48	Janv.	12.68	11	Oct.	12.68
Févr.	7.03	6.10	13.13	Févr.	11.68	9	Nov. 1-28	11.68
Mars.	8.45	6.74	15.19	Mars.	13.06	8	id. 29,30	0.83
							déc. 1-29	12.23
Avril.	6.48	5.78	12.26	Avril.	13.92	3	id. 30,31	0.84
							Janv. 1-28	13.08
Mai.	6.10	6.48	12.58	Mai.	14.53	2	id. 29-31	1.40
							Févr.	13.13
Juin.	6.26	6.39	12.65	Juin.	14.70	1	Mars. 1-30	14.70
Juil.	6.74	6.74	13.48	Juillet.	12.75	10	id. 31	0.49
							Avril.	12.26
Août.	6.39	6.74	13.13	Août.	12.58	12	Mai.	12.58
Sept.	5.97	6.90	12.87	Sept.	12.65	7	Juin.	12.65
Oct.	6.94	5.74	12.68	Octo.	13.48	4	Juillet.	13.48
Nov.	6.48	6.03	12.51	Nov.	12.71	6	Août. 1-30	12.71
Déc.	6.71	6.36	13.07	Déc.	13.29	5	id. 31	0.42
							Sept.	12.87
Total.	81.58	76.45	158.03		158.03			158.03

Les deux tableaux qui précèdent peuvent être envisagés à bien des points de vue et

1° Comme fait principal ils indiquent qu'ici comme partout il y a une décroissance de plus en plus grande dans le nombre

(1) En suivant la moyenne par mois, mars serait avant novembre, septembre et janvier ; juillet, août marcheraient avant février ; mais pour être exact, le classement doit s'opérer d'après la moyenne suivante ou par jour : novembre 0.4230 ; septembre 0.4216 ; mars 0.4213 ; février 0.4175 ; juillet 0.4113 ; août 0.4058 ; janvier 0.409, etc.

des naissances. A Toul, cette différence proportionnelle dépasse annuellement 30, par rapport à la période de 1820-1830.

2° De même que partout encore il naît, à Toul, plus de garçons que de filles. Néanmoins il existe plus de femmes que d'hommes et la différence est à peu près nulle dans l'ensemble de la France, puisque le rapport entre les deux sexes est de 100 femmes pour 98.73 hommes. Cette égalité de nombre nous a conduit, en 1861, à quelques appréciations sur certains préjugés: *intervention du hasard dans la procréation des sexes; influence lunaire, du climat, des saisons, des préoccupations, etc*, dans la fécondation. Nos observations d'alors sont corroborées par celles d'aujourd'hui. Ainsi, par exemple, en ce qui concerne les conceptions, juin et juillet occupent le premier et le dixième rangs et janvier (l'époque des grands froids, du repos et des privations), août (le mois des chaleurs, du travail et du bien-être) arrivent les onzième et douzième. Le classement du tableau A, relatif à la France entière, conduit à la même opinion. (Pour ces diverses influences, voir la brochure de 1861, pages 16, 31, 37, 41-47).

Un tableau d'ensemble des divers éléments de la population résumera, plus loin, les autres particularités essentielles à connaître sur les naissances ; mais nous en terminons l'exposé par un aperçu relatif aux *couches doubles* et aux *enfants exposés*.

NAISSANCES DOUBLES ET JUMEAUX MORT-NÉS.

Le nombre des jumeaux, en 1842-1872, s'est élevé à 104. Ils sont compris dans le tableau des naissances et dans celui des mort-nés et se subdivisent ainsi :

1° Jumeaux nés viables ou dont l'un des deux a vécu :

	Couches doubles.	Enfants ayant vécu		Mort-nés	
		Garçons.	Filles.	Garçons	Filles.
2 garçons	12				
2 filles	16	32	45	6	1
1 gar., 1 fille	14				
	42				

Report :	32	45	6	1
2° Jumeaux tous les deux mort-nés :				
2 garçons 5				
2 filles 2			13	7
1 gar., 1 fille 3				
10	32	45	19	8
En tout	77		27	

Il n'y a point eu de couches triples dans la période dont nous nous occupons ; mais on en trouvera une de 3 garçons nés viables dans celle de 1873-1878.

Enfants exposés.

1819-1830.

NOMBRE PAR ANNÉE.

1819	17	1824	8	1829	17	1834	2
1820	15	1825	6	1830	23	1835	0
1821	12	1826	15	1831	14	1836	1
1822	9	1827	19	1832	3	1837	1
1823	11	1828	13	1833	4		

TOTAL : Garçons 111 ; Filles 79 = 190.

Ils se subdivisent ainsi :

Par mois : novembre, 26 ; février, 24 ; mars, 20 ; janvier, 19 ; avril, 17 ; décembre, 17 ; juin, 14 ; mai, 12 ; août, 12 ; septembre, 10 ; octobre, 10 ; juillet, 9.

Par âge approximatif (c'est celui indiqué sur les registres) 1 jour, 124 ; 2 à 15 jours, 21 ; 15 à 30 jours, 9 ; 1 mois à 3 mois, 18 ; 3 à 6 mois, 6 ; 6 à 12 mois, 4 ; 1 an à 2 ans, 5 ; 2 à 3 ans, 2 ; 5 ans, 1.

De ces 190 enfants, un seul (c'est un des garçons de juin 1826) a été reconnu (en 1858) et un seul (un des garçons de novembre 1831) a été reconnu et légitimé (en 1839). Les enfants exposés ne sont pas compris dans nos relevés des naissances car, parmi eux, il y en avait non-seulement de Toul mais du reste du département et d'ailleurs, ainsi que cela résulte de quelques-uns des actes. L'enfant de cinq ans et demi était sourd-muet et estropié des deux jambes. On aura une idée de ce qu'ils coûtaient à la ville, dans les temps modernes, par cet extrait des comptes, exercice 1824, chapitre dépenses, art. 66 et 67, *dépenses des enfants trouvés,* 800 fr., indemnité pour transport des enfants trouvés 100 fr. (Registre qui servait au service de la garde nationale en 1791, armoire du comice).

Les enfants exposés étaient recueillis soit à l'hospice, soit à la Maison-Dieu et, assez généralement, c'est à la porte même de ces établissements qu'on les déposait. Leur nombre a été de 4 1/2 par année en 1788 et 1789. Antérieurement il était parfois supérieur, surtout en temps de disette ou d'épidémie; mais souvent aussi il ne s'élevait pas à deux ou trois et même il n'était pas rare qu'il n'y en eut point. C'est ce que prouve la table des registres de la paroisse Ste-Geneviève où se faisait le baptême effectif ou conditionnel des enfants admis à la Maison-Dieu. Il y a des inscriptions remontant à 200 ans.

L'examen de ce registre nous conduit à dire, incidemment, que les inscriptions des enfants naturels sont aussi très-anciennes. La première, signalée dans la dite table, date de 1684 et — seulement dans la circonscription que le registre concerne — les naissances illégitimes, de 1684 à 1790, s'élevèrent à 133, réparties de la manière suivante :

33	années furent sans naissances illégitimes;		
43	—	en ont eu	1
15	—	—	2
10	—	—	3
3	—	—	4
3	—	—	6
	TOTAL. . .		133

Soit en moyenne annuelle 1.243 pour la seule circonscription de la paroisse Sainte-Geneviève. S'il était permis, dans un travail statistique, de calculer par analogie, nous dirions que, d'aprés les mêmes bases et proportionnellement à la part qui revient à chaque circonscription ou paroisse et hospice dans le tableau relatif à 1788, 1789 et donné précédemment p. 21, la moyenne annuelle des naissances illégitimes, pour l'ensemble de la ville, de 1684 à 1790 aurait été de 7.58. Revenons aux enfants exposés.

Dès les temps les plus anciens, ils ont été mis en nourrice — de même que les autres jeunes enfants reçus à la Maison-Dieu — et par cette expression *d'enfants en nourrice* il ne s'agit pas seulement des allaités mais de ceux nourris autrement qu'au sein. Ils se sont élevés aux chiffres suivants pour les années dont les registres existent encore :

	Enfants trouvés.	Autres enfants.		Enfants trouvés.	Autres enfants.
1577	»	5	1629-1630	1	13
1582-1583	2	6	1686-1687	»	»
1584-1585	3	»	1693 } 1694 }	8	»
1608-1609	4	1			
1617-1618	7	2	1721	4	5

Il y en avait huit en 1617-1618, mais les parents du huitième l'ont réclamé comme ne l'ayant exposé que par suite d'une profonde misère et il leur a été rendu, après les formalités nécessaires.

Les frais de nourrice variaient selon les circonstances et la durée des services; mais voici les bases principales des prix, pour une année, à diverses époques: en 1582-1583, 27 fr. et un demi bichet de blé; en 1608-1609, 30 fr. et un bichet de blé; en 1629-1630, 36 fr. et trois minces de blé; en 1700, 56 livres.

Tel est le résumé de ce qui a eu lieu à Toul, par rapport aux enfants exposés, à l'exemple de ce qui se pratiquait à Milan, en 787, à l'hospice spécial des enfants abandonnés, fondé par l'archiprêtre Datheüs (*Journal d'hygiène*, 29 août 1878). Voici, en quelques mots ce qui s'est passé en France sur le même sujet. Le nombre des enfants trouvés, au-dessous de 12 ans, était de 40,000 en 1784, de 99346 en 1819, de 118305 en 1825, de 129699 en 1833. C'est à la suite de cet accroissement considérable et des fortes dépenses qui en résultaient que le gouvernement et les conseils généraux crurent devoir prendre des mesures qui, peu à peu, conduisirent à la suppression des tours.

Depuis lors et sous tous les régimes, la question des tours, si grave par ses conséquences et si digne d'intérêt en elle-même comme par les arguments qu'elle comporte dans un sens et dans l'autre, a été plusieurs fois reprise, sérieusement étudiée et bien controversée. Ainsi en 1849 on voulait la suppression des tours; 1850 appelait au contraire leur réouverture; 1853 accordait au gouvernement la faculté de les rétablir ou d'en maintenir la suppression et 1856 laissait au temps le soin de décider.

Nous nous bornerons à ce simple exposé, notre but n'étant pas de traiter à fond la question des tours et des enfants trouvés qui est de nouveau à l'ordre du jour. Mais cette circonstance nous amène à dire comment se comprend et se pratique la charité en France.

La société a nécessairement le devoir de songer à des asiles pour les malheureux, malades ou infirmes, sans abri ou dont les circonstances rendent le déplacement nécessaire et c'est pour cela qu'elle a créé ces nombreux établissements de toutes sortes qui se rencontrent partout. Nul n'y avait assurément plus de droit que les pauvres enfants délaissés par leurs mères; mais en soixante-six ans, leur nombre s'est élevé de 40000 à 130000, autre considération qui, sous le rapport moral surtout, devait également éveiller l'attention. D'autre part il était certain que la fermeture des tours pouvait avoir des conséquences extrêmement graves. On verra plus loin ce qui se fit à ce double point de vue.

En bonne économie politique et sociale, avons-nous dit, le malheureux malade, infirme et sans famille ou dans certaines circonstances spéciales a réellement seul sa place marquée dans les établissements charitables. A part cela, il importe de dispenser le moins possible les membres d'un ménage de leurs devoirs réciproques dont l'accomplissement conduit à l'esprit de famille, à l'amour du travail, de l'ordre, de l'économie et aux heureuses conséquences qui en découlent. N'est-ce pas ce principe qui fait la force et la base des sociétés de secours mutuels?

Nous ne prétendons pas assurément que la société ne se doit point à tous les malheureux; nous voulons seulement dire que souvent au lieu de lui ouvrir les portes de ses hospices, de ses crèches, de ses maternités, c'est elle qui doit aller à eux et leur témoigner sa sollicitude au sein même de la famille. Ce mode de procéder et cette intervention bien comprise ont une multitude d'avantages; ils doublent l'affection du père, de l'épouse ou de l'enfant qui souffre et le courage de l'enfant, de l'épouse ou du père qui soulage; ils obvient aux inconvénients possibles de la séparation et à ceux d'une charité aveugle; ils rappellent à lui-même celui qui se sent faiblir, relèvent celui qui a succombé et sont un trait d'union entre les hommes. En un mot, ils profitent non-seulement au malade et à sa famille, mais à l'humanité et à la patrie.

Ce système est-il applicable par rapport aux enfants exposés ou au tour? Un mot encore avant de formuler notre réponse. Dans tous les pays du monde, en Asie, dans l'Afrique centrale, etc., des mères pressées par la misère, par la honte, etc., se voient réduites à faire le sacrifice de leurs enfants. Ici la *traite des noirs* leur en offre l'occasion; là, elles les cèdent à *l'œuvre du sou pour les petits chinois*, etc. Autrefois en France elles les déposaient au tour; mais celui-ci n'en faisait pas des esclaves; il en est même sorti des célébrités.

C'est une noble tâche, sans doute, de sauver la vie à ces pauvres petites créatures; mais n'en est-il pas une autre plus belle encore, celle qui arrêterait le mal et ramènerait au bien la main égarée qui agit. Les mesures prises autrefois contre les conséquences à craindre de la fermeture des tours sont de cette nature; rappelons ce qui s'est passé. Sans parler des dispositions gouvernementales et départementales, partout on était à l'œuvre; à Paris, par exemple, le nombre des secours accordés aux mères, par l'assistance publique, pour prévenir l'abandon de leurs enfants, étaient considérablement augmentés et s'élevaient à 103105 francs, en 1850. A ces efforts de la charité publique s'ajoutaient ceux des bonnes œuvres privées à la tête desquelles se place la *Société de charité maternelle*. Cette association a pour but de *rattacher à leurs mères les enfants fatalement voués à l'abandon;* née en 1788, subventionnée de l'État, de la ville et riche par elle-même, elle soulage, chaque année, des milliers de mères. Viennent ensuite, dans le même but, la *Société des mères de familles; l'Association médicale d'accouchement,* pour le traitement *à domicile* et *gratuit* des femmes en couches, etc. Et en cela, Paris n'est que l'image ou, si l'on aime mieux, le miroir de la France. Toul en est une preuve et voici ce à quoi on est parvenu au sujet de la question qui nous occupe: elle s'y résout de la manière la plus facile, à l'aide de ces quelques chiffres fournis par l'examen comparatif de l'époque des tours et de la période de 1842-1872 :

Moyenne annuelle des	1819-1831;	1842-1872.
enfants trouvés.	13-77	» »
— illégitimes . .	29	18-61
mort-nés	13-33	13-42

Ainsi à Toul, le nombre des mort-nés n'a pas augmenté avec la suppression des tours; celui des enfants naturels a diminué d'un tiers et l'on n'a plus, annuellement, le triste spectacle de treize nouveau-nés sans nom et sans appui paternels ou maternels. Puissent les efforts dont nous venons de parler, avoir produit partout de pareils résultats!

Ces aspirations de la charité française, dégagées surtout de ce qu'elles peuvent avoir encore de défectueux, sont l'espoir de la frêle créature qui naît, de la mère nécessiteuse qui lui donne le jour; de l'enfant à l'école et en apprentissage; du pauvre à tous les âges; de la patrie et de l'humanité qui veulent la paix entre nous tous et le progrès dans la durée de l'existence.

Toul qui, depuis longtemps, marche dans cette voix, saura compléter son œuvre, et les améliorations à souhaiter comprennent une maison de retraite où l'ouvrier laborieux, sans famille, la vieille bonne et tant d'autres, vaincus par l'âge ou que les forces abandonnent, trouveront le moyen d'avoir une existence heureuse, à l'aide de leurs épargnes et de la vie collective.

Mort-nés.

Nombre par année ou par période et par état-civil.
(Voir le tableau F.)

MOYENNE PAR MOIS ET PAR ANNÉE.

Classement des mois d'après la moyenne par jour.

1842-1872.

	Moyenne.	Classemt.		Moyenne.	Classemt.	Moyenne annuelle Gar.	Filles.	Total.
Janv.	1.32	3	Juillet.	87	11			
Févr.	90	10	Août.	1.36	2			
Mars.	1.10	7	Sept.	1.19	4	7.84	5.58	13.42
Avril.	1.13	6	Oct.	1.03	8			
Mai.	1.52	1	Nov.	97	9			
Juin.	1.16	5	Déc.	87	11			
		1851-1841						15.55
		1819-1830						13.33
		1819-1872 (54 ans).						13.83

Ceux de 1842-1872 se subdivisent ainsi:

	Garçons.	Filles.	Total.
Enfants légitimes. . . .	5.71	3.96	9.67
— naturels.	2.13	1.62	3.75
Total. . . .	7.84	5.58	13.42

A Toul, comme dans le reste de la France, les mort-nés comprennent à la fois les mort-nés vrais (ils forment environ les 78 centièmes du total) et les faux mort-nés ou morts avant la déclaration de naissance qui composent les 22 autres centièmes.

De même aussi que dans le surplus de la France, les mort-nés sont beaucoup plus nombreux chez les garçons que parmi les filles. A Toul, de 1819 à 1872, le nombre des mort-nés fut souvent très-variable d'une année à l'autre. Ainsi, en 1848 il a été de 24 et en 1846 il était seulement de 4. Ce sont ses *maxima* et ses *minima*. La période de 1858-1872 présente à ce sujet un fait remarquable : durant les six années 1858-1863, la moyenne annuelle des mort-nés s'est élevée à 16.5 dont 1/3 d'enfants naturels et, pendant les neuf autres années, elle fut seulement de 8.33 (6 légitimes et 2.33 naturels).

La question si intéressante des mort-nés et qui se rattache à celle de la protection de la première enfance, occupe une place importante dans le *Dictionnaire des sciences médicales*, la *Statistique générale de France* et autres ouvrages. Elle y est envisagée à un grand nombre de points de vue dont l'un des principaux peut se traduire ainsi :

La mortinatalité des enfants légitimes se ressemble à peu près dans les divers États de l'Europe ; mais il n'en est pas de même de celle des illégitimes. C'est en France qu'elle prédomine: depuis 1839 elle a presque doublé et elle appelle particulièrement l'attention.

L'illégitimité exerce aussi, dans les premiers jours de la vie, une influence incontestable sur les naissances, principalement sur celles des filles. Il y a, en effet, dans la mortinatalité et dans la mortalité des illégitimes, comparées à celles des légitimes, des anomalies qui ne s'expliquent point par la science; elles rentrent dans un autre domaine et, malheureusement, rendent probable l'addition d'un crime à une faute. Il s'en commettait nécessairement aussi quelquefois dans les temps anciens et la preuve c'est qu'en 1544, une fille a eu la tête tranchée, pour avoir fait mourir son enfant. (FF., II et FF 8 fol. 3).

Telle est la conclusion à laquelle conduit l'étude d'un des points du problème et d'où résulte, en partie, l'idée du rétablissement des tours et de cette autre question capitale : *de la recherche de la paternité.* (Pour cette dernière, voir le *Journal d'Hygiène* du 19 septembre 1878. *Congrès international d'hygiène).*

Aux considérations philanthropiques et sociales qui intéressent à la cause des mort-nés, il s'en ajoute une autre toute physiologique : *les mois et les saisons, qui exercent une influence réelle sur la mortalité des jeunes enfants, en ont-ils aussi une sur la mortinatalité?* Cela ne paraît guère probable en ce qui concerne Toul. Le mois de mai, qui rappelle à la vie, compte le plus de mort-nés; août vient ensuite, et juillet, à peu près aussi chaud que ce dernier, est celui qui en a le moins. De même, janvier et février, époque des grands froids sont, l'un le troisième et l'autre le dixième.

Une influence incontestable sur la mortinatalité, sur la virilité et sur la santé des très-jeunes enfants élevés au sein, c'est celle du tabac. Une communication a été faite, à ce sujet, à la *Société française d'hygiène*, dans la séance du 12 juillet dernier, par M. le docteur Brocard et voici les conséquences à tirer des faits qu'elle contient ainsi que de ceux cités par MM. les docteurs Domerc, Pini (de Milan), Viard (d'Haïti), Saffray, etc. : « Les femmes employées à la manipulation du tabac sont sujettes aux fausses couches; leur lait s'altère et les enfants qu'elles allaitent sont pâles, chétifs et prédisposés au rachitisme. — L'abus du tabac conduit à l'impuissance. »

Mariages

PAR ANNÉE ET PAR MOIS.

1858 - 1872

(Voir le tableau G, à la fin de ce mémoire)

MOYENNE ANNUELLE.

Période	Moyenne	
1842-1872	54.61	
1858-1872	51.73	
1842-1857	57.44	
1831-1841	58.50	
1825-1830	66.»»	60.50
1819-1824	54.33	

Ces chiffres sont dignes de remarque. La moyenne, qui était de 54.33 en 1819-1824, s'est accru de 11.67 en 1825-1830; mais à partir de 1831 il s'est manifesté une décroissance notable. D'abord de 7.50 pendant dix ans, elle a encore augmenté de 1 pendant seize autres années, puis de 5.7 en 1858-1872. L'ensemble de la période de 1842-1872 a donné la moyenne de 1819-1824. — La néfaste guerre de 1870-1871 a eu sa part d'influence dans la diminution des mariages de ces deux années.

MOYENNE PAR MOIS.

Classement des mois d'après la *moyenne par jour*.

1842 - 1872.

	Moyenne par mois.	Classemt d'après la moyenne par jour.		Moyenne par mois	Classemt d'après la moyenne par jour.
Janv.	5.26	4	Juillet.	4.61	8
Févr.	5.26	1	Août.	4.03	10
Mars.	3.39	11	Sept.	3.94	9
Avril.	4.65	5	Octobre	4.65	7
Mai.	5.61	2	Novem.	5.26	3
Juin.	4.65	5	Décem.	3.39	11
				54.68	

Subdivision par état-civil et par âge.

1858 - 1872.

(Pour les détails voir le tableau H).

Durant cette période il y a eu 776 mariages se subdivisant ainsi, en moyenne annuelle et par âge :

	Moins de 20 ans	20 à 25	25 à 30	30 à 35	35 à 40	40 à 50	50 et plus	Total.
			GARÇONS ET FILLES					
Garç.	0.73	11.53	16.80	7.07	3.60	2.07	0.53	42.33
Filles.	7.87	17.73	9.53	4.»»	1.20	1.60	0.40	42.33
			GARÇONS ET VEUVES.					
Garç.	»»	0.13	0.73	0.47	0.27	0.60	0.27	2.47
Veuves	»»	0.07	0.40	0.53	0.60	0.47	0.40	2.47
			VEUFS ET FILLES.					
Veufs	»»	0.07	0.27	0.53	0.93	1.13	1.27	4.20
Filles	0.20	0.87	1.73	0.40	0.27	0.40	0.33	4.20
			VEUFS ET VEUVES.					
Veufs	»»	»»	0.06	»»	0.07	0.87	1.73	2.73
Veuves	»»	»»	0.06	0.20	0.20	1.07	1.20	2.73
				Total des mariages.			. .	51.73

Sur ces 51.73 mariages qui constituent une moyenne annuelle,

3.47 Conjoints, dont 0.60 homme et 2.87 femmes, ont déclaré ne pas savoir signer ;

4.27 Mariages ont légitimé 5,07 enfants ;
0.133 Mariages ont eu lieu entre beau-frère et belle-sœur ;
0.266 d° d° cousine et cousin germ[ns].

Comme les autres éléments de la population, le mariage a fixé depuis longtemps l'attention des économistes et des moralistes et voici comment M. le docteur Bertillon l'apprécie non-seulement dans l'intérêt social, mais au point de vue personnel : « Sans parler de ses conséquences morales, le mariage n'est pas seulement l'élément essentiel de la population, il a une action heureuse sur la vitalité, la santé et la durée de la vie, si l'on en excepte toutefois les alliances trop hâtives. Son influence s'exerce sur les deux sexes et, relativement à l'homme, c'est surtout l'âge de vigueur qu'il protège, tandis que chez la femme, par suite des dangers de la maternité, c'est principalement la vieillesse. » Tout cela est incontestable, mais abstraction faite, peut-être, de la dernière proposition qui nous semble appartenir au chapitre des conséquences morales plutôt qu'à celui des influences physiologiques.

Quant aux diverses considérations qu'il y aurait à émettre sur les variations du nombre annuel des mariages, sur le classement des mois, la disproportion toujours de plus en plus grande entre le chiffre des naissances et celui des mariages, nous renvoyons à la brochure de 1861, pages 31-34.

Une autre question pourrait peut-être encore nous occuper, par rapport au mariage : celle du divorce qui, naguère, a attiré l'attention de quelques économistes, mais nous nous contenterons de rappeler le nombre des mariages rompus, à Toul, en vertu de la loi de 1792. Il y en eut deux en 1792; 12, 9, 1, 3, 4, 1, 2, 2, 1, dans les ans II, III, IV, V, VI, IX, X, XI, XII et trois en 1812, 1815, 1816. Total 40.

Décès

Moins les mort-nés, les décès militaires (1) et les transcriptions.

TOTAL PAR ANNÉE.

1858-1872 (Voir le tableau F).

Les 2616 décès dont se compose cette série se subdivisent ainsi :

(1) Au nombre des décès militaires figurent 12 habitants (8 hommes et 4 femmes tués ou morts des suites de leurs blessures, pendant le siège.

		Hom.	Fem.	Total.
Célibataires	moins de 20 ans.	444	357	801
	20 ans et plus. .	130	193	323
		574	550	1124
	Mariés. . .	495	351	846
	Veufs. . . .	243	403	646
	En tout. . .	1312	1304	2616

1842-1857 (Voir la brochure de 1861, p. 22).

MOYENNE ANNUELLE.

	Hommes.	Femmes.	Total.
1842-1872	87.39	96.38	183.77
1858-1872	87.47	86.93	174.40
1842-1857	87.31	105.25	192.56
1831-1841	»»	»»	193.54
1819-1830	»»	»»	176.08

MOYENNE PAR MOIS ET PAR ANNÉE.

Classement des mois d'après la moyenne *par jour*.

	Hom.	Fem.	Total	Class. (1)		Hom.	Fem.	Total.	Class.
Janv.	7.78	8.64	16.42	5	Juil.	6.48	7.49	13.97	10
Févr.	6.68	8.61	15.29	3	Août	8.39	8.70	17.09	2
Mars.	9.»»	8.93	17.93	1	Sept.	8.19	7.55	15.74	6
Avril.	6.74	7.16	13.90	9	Oct.	6.78	8.84	15.62	7
Mai.	7.90	8.65	16.55	4	Nov.	6.32	7.13	13.45	11
Juin.	5.87	7.16	13.03	12	Déc.	7.26	7.52	14.78	8
					Total. . .	87.39	96.38	183.77	

Décès par saison (1842-1872).

Classement des saisons d'après la moyenne par jour.

	Décès.	Classement.
Printemps. . .	45.50	3
Été.	45.90	2
Automne. . . .	43.86	4
Hiver.	48.51	1
Total. . .	183.77	

(1) Ce classement, comme celui des naissances, est fait d'après la moyenne *par jour*. La moyenne par mois, classerait février après mai quand, au contraire, sa moyenne par jour (0,54123) le fait passer avant, celle de mai étant seulement de 0.534.

Moyenne annuelle des décès à chaque âge.

(Moins les exceptions précédemment indiquées).

Part proportionnelle de chaque catégorie et de chaque âge par 100 décès.

Classement des catégories d'après la part proportionnelle des âges (sans tenir compte du nombre des vivants).

1842-1872.

	Moyenne annuelle des décès.			Part proportionnelle de chaque catégorie.			de chaq. âge	
De la naiss.	Hom.	Fem.	Total.	Hom.	Fem.	Total.	Total.	Clmt
à 1 an.	15.39	13.35	28.74	8.37	7.27	15.64	15.64	1
1 a. à 2 a.	4.64	3.52	8.16	2.53	1.91	4.44	4.44	2
2 ans à 6	5.74	5.90	11.64	3.13	3.21	6.34	1.59	5
6 - 10	1.94	2.29	4.23	1.05	1.24	2.29	75	12
10 - 15	1.13	1.45	2.58	62	79	1.41	28	20
15 - 20	1.61	2.23	3.84	88	1.21	2.09	42	19
20 - 25	2.16	2.65	4.81	1.18	1.44	2.62	52	16
25 - 30	2.06	2.36	4.42	1.13	1.28	2.41	48	18
30 - 35	2.10	2.93	5.03	1.14	1.60	2.74	55	15
35 - 40	3.03	2.74	5.77	1.65	1.49	3.14	63	14
40 - 45	3.61	2.87	6.48	1.97	1.56	3.53	71	13
45 - 50	4.26	3.51	7.77	2.32	1.91	4.23	85	11
50 - 55	4.74	3.39	8.13	2.58	1.84	4.42	88	10
55 - 60	4.84	4.77	9.61	2.63	2.60	5.23	1.05	9
60 - 65	5.07	5.90	10.97	2.76	3.21	5.97	1.19	7
65 - 70	6.45	6.87	13.32	3.51	3.74	7.25	1.45	6
70 - 75	7.16	8.36	15.52	3.89	4.55	8.44	1.69	4
75 - 80	5.84	9.93	15.77	3.18	5.40	8.58	1.72	3
80 - 85	3.65	6.87	10.52	1.98	3.74	5.72	1.14	8
85 - 90	1.36	3.16	4.52	74	1.72	2.46	49	17
90 - 95	0.48	1.10	1.58	26	60	86	17	21
95 - 100	0.13	0.23	0.36	07	12	19	04	22
	87.39	96.38	183.77	47.57	52.43	100.»»		

Age moyen des morts.

	Toul.	France entière.	
	1842-1872	1873	1866-1867
Hommes.	39 ans 8 mois	37 ans 7 mois	37 ans
Femmes.	45 — 1 —	39 — 6 —	39 — 3 mois
Sexes réunis.	42 — 7 —	38 — 6 —	38 — 1 —

DURÉE DE LA VIE MOYENNE.

La population de Toul n'est pas assez stationnaire et ses variations ne sont point assez lentes pour permettre d'établir, d'après les formules ordinaires, quelle est, en cette ville, la durée moyenne de la vie. Mais il est possible de s'en faire une idée, à l'aide de l'état comparatif concernant l'âge moyen des morts et sachant qu'en 1872 la durée de la vie moyenne en France, s'élevait aux chiffres ci-dessous :

Hommes, 39 ans; femmes, 41 ans ; sexes réunis, 40 ans.

Appréciations relatives aux chiffres des décès.

Le fait capital qui résulte des tableaux ci-dessus, c'est l'excédant assez sérieux des décès sur les naissances. Voici quelques-unes des autres conséquences :

1° En 1858-1872, il est mort plus d'hommes que de femmes; mais à l'inverse de ce qui se passe dans l'ensemble de la France, le nombre des décès féminins a excédé celui des décès masculins en 1842-1872. Nous expliquerons cette particularité au chapitre *dépopulation.*

2° Relativement à l'infériorité numérique des décès de 1819, il importe de rappeler que nous étions alors au lendemain de grandes victoires et de grands désastres. Il en est résulté, pendant une série d'années, un état de calme qui ne manque jamais de se produire, dans la mortalité, lorsqu'elle a atteint des proportions anormales. La moyenne des décès s'est ensuite élevée à 193, durant la période de 1831, puis elle a graduellement diminué jusqu'à 174 en 1858-1872; elle y fut de 19 en moins. Cette amélioration a surtout sa source dans l'influence de l'hygiène et de la vaccine, dans le plus d'aisance qui existe et dans l'esprit de charité qui caractérise notre époque.

3° Ils indiquent aussi les mois et les saisons les plus préjudiciables à la santé.

Le tableau de la page 35 qui peut servir a l'étude de bien des questions statistiques médicales, physiologiques et autres, indique à quel âge chaque sexe a le plus de précautions à prendre.

Le tableau relatif à l'*âge moyen des morts* amène naturellement à se demander quelle peut être la limite de la vie humaine? Cette question, examinée d'après le système de Flourens, dans le mémoire de 1861, p. 53, se résume ainsi :

La vie de l'homme, *supposée calme et à l'abri d'accidents,* doit durer un siècle, et voici sur quel principe repose cette théorie. Le cheval dit-il, le bœuf, le lion, etc., vivent cinq fois le temps que leurs os ou leur corps mettent à s'allonger ; ainsi la croissance du cheval cesse à cinq ans et il en vit vingt-cinq ; celle du bœuf et du lion se fait en quatre ans et leur existence est de vingt ; etc. Or l'homme mettant vingt ans à grandir, il est donc bien probable qu'il doit en vivre cent.

Tout cela, sans nul doute, repose sur la plus claire physiologie, ajoute M. A. Romieu, à qui nous empruntons cette analyse. Mais ce qui ne donne pas moins d'importance au système Flourens, autrement dit à l'ouvrage qu'il a publié sur la *longévité humaine*, ce sont les avantages moraux qui en découlent; les sages avis qu'il renferme et qu'on ne saurait trop recommander, à bien des points de vue.

A la suite de ces divers états et aperçus, relatifs aux décès dans leur ensemble, il nous a semblé nécessaire de revenir spécialement sur deux questions si dignes de la sollicitude dont elles sont en ce moment l'objet : la *mortalité de la première enfance, en général*, et *celle des enfants illégitimes, en particulier*. Il ne s'agira que des décès et non des mort-nés, renvoyant, pour ces derniers, au chapitre qui les concerne.

Décès du 1er âge. 1842 - 1872 (Sexes réunis).

	1re Année de la vie				Class. (1)	2e année	3e, 4e, 5e années.
	0 à 3 m.	3 à 6 m.	6 à 12 m.	Total.			
Janv.	1.26	0.45	0.32	2.03	7	0.71	1.32
Févr.	1.45	42	49	2.36	6	52	84
Mars.	1.52	46	64	2.62	5	38	1.39
Avril.	96	26	52	1.74	9	52	91
Mai.	1.09	19	36	1.64	10	57	1.23
Juin.	67	36	29	1.32	12	42	61
Juillet.	1.25	68	78	2.71	4	55	97
Août.	2.01	87	1.06	3.94	2	1.04	1.10
Sept.	1.81	93	1.32	4.06	1	97	61
Oct.	1.49	55	96	3.	3	1.13	74
Nov.	74	26	36	1.36	11	74	84
Déc.	95	48	54	1.96	8	62	1.09
Total. Gar.	8.42	3.10	3.87	15.39		4.65	5.74
Total. Fil.	6.77	2.81	3.77	13.35		3.52	5.91
	15.19	5.91	7.64	28.74		8.17	11.65 ou 3.88 [pour chacun des trois âges.

(1) C'est le classement des mois de la 1re année ; il est établi d'après la moyenne par jour.

Dans ce tableau août, septembre, octobre, (1re année de la vie) forment avec les autres mois un contraste sur lequel il n'est pas inutile de s'arrêter. Le siège de Toul et la guerre de 1870-1871 ont eu sur la mortalité des très-jeunes enfants une influence réelle ; mais, même en temps normal, ces trois mois, puis juillet, sont les plus préjudiciables à la première enfance.

Un autre fait qui ressort des registres de l'État-civil, c'est l'accroissement des naissances et celui des décès au-dessous d'un an, à partir de 1873, c'est-à-dire depuis la présence, à Toul, des nombreux ouvriers venus pour les travaux des forts et de la place. Il ne devrait pas en être question, puisque notre travail s'arrête à 1873, mais les grandes questions qui s'élaborent au sujet de l'enfance, exigeaient cette exception.

		Décès au-dessous d'un an		Décès totaux (1)	
	Naissances	Nombre	Prop p. 100 naissances.	Nombre	Proportions des décès au dessous d'1 an p. 100 décès
		1842-1872			
....	......	.....	.....	......	.....
1866	121.»»	26.»»	21.49	170.»»	15.29
1867	148.»»	24.»»	16.22	184.»»	13.04
1868	122.»»	24.»»	19.67	148.»»	16.22
1869	148.»»	28.»»	19.19	197.»»	14.21
1870	160.»»	55.(2)	34.38	258.»»	21.32
1871	123.»»	47.»»	38.21	263.»»	17.87
1872	149.»»	18.»»	12.09	155.»»	11.61
Moyenne	158.32	28.74	18.15	183.77	15.64
		1er Janvier 1873 au 1er Octobre 1878.			
1873	152.»»	36.»»	23.68	188.»»	19.15
1874	171.»»	43.»»	25.14	173.»»	24.86
1875	188.»»	50.»»	26.59	236.»»	21.19
1876	192.»»	36.»»	18.75	226.»»	15.93
1877	226.»»	56.»»	24.78	221.»»	25.34
1878(3)	166.»»	40.»»	24.10	183.»»	21.86
Moyenne	183.2	43.65	23.85	205.43	21.25
		France entière.			
1866-1867, 1873			17 à 18		19 à 20

(1) Moins les décès militaires, les mort-nés et les transcriptions.
(2) Dont 20 jusqu'août et 35 les cinq derniers mois.
(3) Seulement les neuf premiers meis.

Cette mortalité considérable et à peu près générale, a fixé depuis longtemps l'attention, et non-seulement elle a fait revivre la pensée du rétablissement des tours, mais elle a donné lieu à la loi sur la protection de la première enfance, à la création des crèches, aux œuvres des layettes, etc. Toutes ces institutions sont excellentes et d'une utilité incontestable, Toul en est la preuve (1); mais une crèche ne doit servir qu'au petit nombre; elle ne pourrait sans danger pour d'autres intérêts sociaux extrêmement graves, se faire trop facilement la suppléante d'une mère, d'une sœur, d'une famille. D'autre part, c'est la très-minime exception des enfants nécessiteux qui sont mis en nourrice. Aussi comme heureux complément des mesures existantes, il faudrait une institution beaucoup plus générale, dans le genre de celle dont nous avons déjà parlé, s'étendant à l'enfant au berceau, à l'écolier, à l'appenti et qui, quel que soit son nom, profiterait à la *bonne tenue des ménages*. Le secret de bien des améliorations sociales nous semble être dans cette œuvre.

Institutions de charité et de prévoyance à Toul.

HOSPICE et BUREAU DE BIENFAISANCE, établissements modèles sous tous les rapports et dont dépendent *la Maternité*, (salle pour l'accouchement des femmes pauvres); *La Crèche*; l'*Œuvre des layettes*, celle des *apprentis* et celle *d'encouragement à la fréquentation des écoles*.

Les 2 *Associations des dames de Ste-Anne* qui secondent le Bureau de bienfaisance dans l'œuvre des layettes.

La *Société de bienfaisance israélite*.

La *Caisse fraternelle des sapeurs-pompiers*.

Enfin la *Société de secours mutuels* dont trop de personnes encore ne comprennent pas assez toute l'importance.

(1) Une crèche y a été inaugurée le 1er octobre 1876 et assurément, sans elle, les chiffres que nous venons de rappeler et que nous allons décomposer seraient encore plus considérables. Du 1er janvier 1877 au 1er octobre 1878, il y a eu, à Toul

	NAISSANCES			DÉCÈS de la naissance à 1 an.		
	Garçons.	Filles.	Total.	Garçons.	Filles.	Total.
Enf. légit.	»	»	»	49	31	80
Enf. natur.	19	17	36	6	10	16
				55	41	96

La crèche n'entre absolument pour rien dans ces décès, bien que sept des enfants qu'ils concernent aient fréquenté l'établissement; mais 1° l'un d'eux s'est éteint des suites d'une chute faite chez lui; 2° un autre était sorti bien portant, depuis trois mois, quand il est mort; 3° deux étaient entrés pour remettre leur santé plutôt que pour l'entretenir; 4° les trois autres ne sont pas restés plus d'une semaine et ils ne souffraient point quand ils ont quitté.

Résumé spécial aux enfants naturels.

Dans ce tableau la première ligne de chaque période donne le nombre total et la seconde indique la moyenne annuelle.

NAISSANCES				MORT-NÉS		DÉCÈS						
Gar.	Filles	Sexes réunis	propon p. 100 naiss. totales.	sexes réun.	propon p. 100 m.-nés légit. et nat.	de la naiss. à 3 mois.	3 m. à 6 m.	6 à 12	Gar.	Filles	sexes réun.	prop. p 100 décès légit. et nat.
1819-1830.												
»»	»»	349	»»	»»	28	»»	»»	»»	»»	»»	52	»»
»»	»»	29.08	14.05	»»	2.33	»»	»»	»»	»»	»»	4.33	»»
1831-1841.												
»»	»»	322	»»	»»	29	»»	»»	»»	»»	»»	77	»»
»»	»»	29.27	15.54	»»	2.64	»»	»»	»»	»»	»»	7	»»
1842-1857.												
197	157	354	»»	62	»»	46	11	20	43	34	77	»»
12.31	9.81	22.12	12.93	3.87	25.62	2.87	0.69	1.25	2.69	2.12	4.81	1.93
1858-1872.												
112	111	223	»»	54	»»	56	11	8	42	33	75	»»
7.47	7.40	14.87	10.32	3.60	31.03	3.74	0.73	0.53	2.80	2.20	5.»»	2.87
1842-1872.												
309	268	577	»»	116	»»	102	22	28	85	67	152	»»
9.97	8.64	18.61	11.77	3.75	27.94	3.29	0.71	0.90	2.74	2.16	4.90	2.67
1873-1878 (jusqu'au 1er octobre).												
53	49	102	»»	5	»»	11	12	9	13	19	32	»»
9.64	8.91	18.55	9.22	0.87	7.25	1.91	2.09	1.56	2.26	3.30	5.56	2.71

Depuis 1819-1837 (époque des enfants exposés), les naissances illégitimes ont diminué d'un tiers ; peut-être par le même motif que les légitimes ? Quant à la mortinatalité et à la mortalité des enfants naturels au-dessous d'un an : influencées par la suppression des tours, elles ont augmenté de moitié en 1838-1841, mais elles diminuèrent sensiblement en 1842-1872 et, en 1873-1878, elles ont descendu à 6.43.

Voici les moyennes annuelles atteintes :

Enfants naturels au-dessous d'un an.

	Décès.	Mort-nés.	Total.		Décès.	Mort-nés.	Total.
1819-1837	5.»»	2.32	7.32	1842-1872	4.90	3.75	8.65
1838-1841	8.50	3.25	11.75	1873-1878	5.56	0.87	6.43

Ces divers résultats sont dignes de fixer l'attention.

Tableau récapitulatif et comparatif des éléments de la population.

1842-1872	France entière.	Toul.
100 Naissances pour décès	90.49	116.29
100 — légit. pour naiss. illégit.	7.98	13.35
100 — de garç. p. naiss. de filles.	94.98	93.71
100 — de filles — garçons.	105.28	106.71
100 — pour mort-nés. . . .	4.07	8.49
1 mort-né pour naiss. .	24.58	11.78
158 Naissances pour mort-nés. . . .	6.43	13.42
100 décès pour naissances.	110.51	85.99
100 décès masculins pour décès féminins.	97.26	110.30
100 — féminins — masculins.	102.82	90.66
100 Conceptions pour { naissances . .	95.93	91.51
100 Conceptions pour { mort-nés. . .	4.07	8.49
158 Naissances pour conceptions. . .	164.43	171.42

Nombre des éléments de la population.

1° Pour 100 habitants.

	FRANCE ENTIÈRE			TOUL		
	Garç.	Filles.	Sexes réunis.	Garç.	Filles.	Sexes réunis.
Naissances.	1.37	1.31	2.68	1.16	1.09	2.25
Mort-nés.	»	»	11	1.12	79	1.91
Décès.	1.23	1.19	2.42	1.24	1.37	2.61
Mariages.	»	»	80	»	»	77

2° Pour 7037 habitants.

Naissances.	»	»	188.41	»	»	158.03
Mort-nés.	»	»	7.67	»	»	13.42
Décès.	»	»	169.60	»	»	183.77
Mariages.	»	»	56.26	»	»	54.68

Mariages.	FRANCE ENTIÈRE.			TOUL.	
1819-1830	»	»	»	120.99	125.05
1831-1841	»	»	»	123.13	
1842-1857	»	125.08	124.75	127.95	
1858-1872	»		130.15		

DÉPOPULATION.

Déjà nous avons traité ce sujet dans le mémoire de 1861, aussi n'ajouterons-nous que peu de mots à ce qui s'y trouve.

Quand on jette un regard rétrospectif sur la population de notre ville, il y a deux choses qui frappent : les nombreuses modifications ou fluctuations qu'elle a subies et sa décroissance numérique. Toul, il y a cinquante ans, par suite des avantages qu'il présentait, sous les divers rapports de l'existence et des relations sociales, était le rendez-vous des petits rentiers et des militaires en retraite. Mais depuis qu'il présente les inconvénients de la grande ville sans en avoir les avantages, il n'est plus aussi en faveur. D'autre part, son titre de forteresse, les servitudes militaires et autres inconvénients qui en résultent ne sont point de nature à y attirer l'industrie et ne prédisposent pas à s'y fixer. Aussi le nombre des familles aisées d'Alsace-Lorraine qui s'y sont réfugiées est-il peu considérable ; quant aux usines, elles ont préféré Pont-à-Mousson, Nancy, Lunéville, etc. Au contraire la construction du canal de la Marne au Rhin, celle du chemin de fer de l'Est et les travaux relatifs aux fortifications ont amené et laissé dans nos murs bien des familles nécessiteuses. Ce sont surtout ces travaux qui ont comblé les vides produits par l'excédant des décès sur les naissances et donné au recensement de 1876 son importance numérique ; mais il est peu probable que la population reste à un chiffre aussi élevé et c'est pour cela que notre travail s'arrête à 1872. Déjà même il y a une diminution d'au moins 300 individus et le nombre des cotes personnelles qui s'était élevé à 1836, ne sera, en 1879 - d'après un renseignement dû à l'obligeance de M. Maire, contrôleur, - que de 1789, chiffre moyen de 1874-1875.

Il ne faudrait pas conjecturer, de ce qui précède, que l'on compte ici moins de fortunes qu'autrefois ; c'est le contraire qui existe. Mais il y a une autre chose non moins vraie :

1° L'ensemble des personnes à l'aise est moins considérable que jadis ; en voici une preuve :

Domestiques à Toul en 1820 et en 1872.

	DOMESTIQUES hom.	DOMESTIQUES fem.	AIDES RURAUX hom.	AIDES RURAUX fem.	TOTAL hom.	TOTAL fem.
1820						
Intra-muros	51	304				
Extra-muros { Nord			10	11	71	319
Extra-muros { Sud			10	4		
	355		35		390	
1872						
Intra-muros	47	252				
Extra-muros { Nord			61	17	124	279
Extra-muros { Sud			16	10		
			77	27		
	299		104		403	

Il y avait à Toul (intra-muros) en 1872, cinquante-six domestiques de moins qu'en 1820. Dans la partie extra-muros le nombre des aides-ruraux s'élevait au contraire à 69 de plus, malgré l'intervention des nombreuses machines en usage.

Cette augmentation considérable prouve, sans aucun doute, le développement de l'agriculture ; mais elle ne saurait être regardée comme une conséquence exclusive du bien-être ; elle était commandée aussi par les circonstances. Le nombre des enfants, dans les familles extra-muros, a précisément diminué d'un nombre à peu près égal à celui de l'augmentation des aides-ruraux (voir le tableau ci-dessous).

2° Le chiffre des personnes nécessiteuses a, au contraire, augmenté à Toul, les constructions susdites ayant amené considérablement de terrassiers et l'esprit de charité qui caractérise notre vieille cité en ayant retenu beaucoup.

Mais la population ne s'est pas seulement transformée, par suite des causes qui précèdent ; elle a encore subi jusqu'en 1873 une diminution qui, du reste, est générale en France— bien que le chiffre des naissances y dépasse de 9 1/2 % celui des naissances. — Cet état de choses qui réjouit l'*École malthusienne* est loin de satisfaire tous les économistes et les hommes politiques.

Quelques-uns conseillent, à ce sujet, de battre en brèche le célibat (1). Le mariage, dit-on, est une des grandes lois

(1) D'autres mesures ont aussi été proposées : — la dispense du service militaire, dans certaines limites, pour les pères ayant une famille nombreuse : — l'établissement d'un fort impôt annuel dont seraient frappés les époux n'ayant pas un minimum d'enfants déterminé ; etc. Mais nous n'avons pas à nous occuper de ces questions. Déjà dans les temps anciens les familles nombreuses pouvaient obtenir certains privilèges. Ainsi en février 1668, un bourgeois de Toul, Ch. Morel, a été déchargé, par ordonnance royale, du logement des gens de guerre, des tailles et de toute charge généralement quelconque, comme ayant dix enfants. (BB, 4, p. 160).

de la nature, utile à bien des titres, à la santé même et à laquelle nul ne doit se soustraire. Cette loi existe mais, répond-on, pour l'homme, le mariage est autre chose encore qu'un fait d'obéissance à l'organisme ; il doit être libre. Le contraire aurait les conséquences individuelles et sociales les plus déplorables. Du reste, ajoute-t-on, pourquoi rendre le célibat responsable d'un fait dont la cause est ailleurs et ne laisse aucun doute ? Autrefois il y avait plus de célibataires et, peut-être, moins de mariages qu'aujourd'hui et cependant la quantité relative de naissances dépassait de beaucoup celle de notre époque. Nous avons recherché quels enseignements Toul peut offrir à cet égard et voici quelques chiffres comparatifs :

Nombre d'enfants par ménage.	1824 — MÉNAGES AVEC ENFANTS. Nombre de ménages par catégorie d'enfants. Intra-muros.	Extra-muros.	TOTAL.	Nombre total d'ent.	Nombre d'enfants par ménage.	1872 — MÉNAGES AVEC ENFANTS. Nombre de ménages par catégorie d'enfants. Intra-muros.	Extra muros	TOTAL.	Nombre total d'enf.
1	374	47	421	421	1	434	75	509	509
2	307	44	351	702	2	265	47	312	624
3	207	25	232	696	3	150	26	176	528
4	109	22	131	524	4	49	8	57	228
5	51	7	58	290	5	27	7	34	170
6	23	3	26	156	6	12	1	13	78
7	11		11	77	7	2		2	14
8		1	1	8	8	2		2	16
9	2				9				
10	2	1	3	30	10				
11	1	1	2	22	11				
	1085	151	1236	2926		941	164	1105	2167

Militaires à retrancher. 115 (1)

Reste. . . . 2811

Ménages sans enf. 166 — 349

Total. . . 1402 — 1454

(1) Cette radiation est nécessaire, parce que les militaires au service sont portés sur l'état de 1824, tandis qu'ils ne sont pas sur le recensement de 1872.

Nombres qu'auraient dû atteindre les mêmes éléments en 1872, par rapport à 1824 (la population de cette dernière année étant de 7423 et la première de 6865).

	1402	2811	1297	2599
Différence { en plus			157	
Différence { en moins				432

Ainsi les ménages matrimoniaux de 1872 étaient de 157 plus élevés que ceux de 1824 et comptaient 432 enfants de moins. En d'autres termes, la moyenne des enfants, par ménage, en 1824, était de 2 et elle ne s'élevait pas tout-à-fait à 1 1/2 en 1872.

Nous posons ces chiffres sans les commenter et en renvoyant, pour le reste de la question, au mémoire de 1861, p. 13-17 et 96-103.

DE LA PESTE A TOUL, DANS LES TEMPS ANCIENS.

Dans le mémoire de 1861, nous avons eu à parler du choléra asiatique qui a sévi deux ou trois fois dans l'arrondissement de Toul, à partir de 1830. Depuis lors il ne s'est manifesté aucune de ces redoutables épidémies qui portent d'une manière si générale et pour si longtemps le deuil dans une population ; mais en raison de l'objet de cet opuscule et après avoir établi une comparaison entre le présent et le passé, il n'est pas sans intérêt de la compléter en faisant l'historique du fléau qui, sous le nom de *peste,* a si souvent décimé nos ancêtres.

Peut-être ce mot de *peste* ne convient-il pas à chaque affection ainsi nommée dans nos archives, mais nous l'emploierons néanmoins, notre but étant de reproduire et non de discuter des faits.

Tout en croyant à la transmission de la peste par la seule influence atmosphérique, nos pères étaient avant tout contagionistes. Le contact et les émanations des pestiférés ou de leurs vêtements et de tout ce qu'ils auraient touché, voilà ce qu'on regardait comme la source principale de la transmission du mal. De là les mesures qui étaient prises, les défaillances et les fuites nombreuses qui se produisaient, non toutefois sans que les fugitifs eussent pourvu aux besoins du reste de la population et des malades, comme on le verra dans cet exposé auquel nous procéderons par année.

985. — Nous n'avons rien à dire des épidémies qui, avant le dixième siècle, ont affligé l'Europe et la France si souvent et parfois même d'une manière si permanente. Nos archives, telles qu'elles sont actuellement ne remontent pas si haut et ce que nous savons même de la contagion de 985 est tiré de l'Histoire de Toul où il est dit : « Le fléau sévissait de la manière la plus terrible ; les cadavres gisaient en monceaux parmi les rues et il n'y avait pas de maison qui ne renfermât un mort ou un mourant. Heureusement au milieu de cette épouvantable mortalité, la ville avait dans son sein un homme d'un dévouement sans borne, Saint Gérard, évêque, dont la conduite fut imitée par l'admirable Belsunce, à Marseille, en 1720. » C'est à Vidric qui écrivait en 1030 que A. D. Thiéry auteur de l'Histoire de Toul (tom. I, p. 120) empruntait ces renseignements.

1035 à 1500. — Durant ces quatre siècles et demi bien des fois la contagion, comme l'appelaient nos pères, est venue frapper l'Europe, notamment la peste qui, en 1347, enleva à Marseille les 2/3 de ses habitants et qui, en 1348, en tuait 100000 à Naples, 40000 à Gênes, 30000 à Avignon, 26000 à Strasbourg, 50000 à Londres, 80000 à Paris, etc. : telle est aussi celle qui, un siècle plus tard, faisait encore 40000 victimes dans cette capitale. Mais ont-elles franchi nos murs ? A. D. Thiéry, déjà cité, signale celle de 1359 comme ayant ravagé notre pays et il ajoute, sans dire si Toul en fut atteint, que dix ans plus tôt une peste terrible a sévi dans toute l'Europe, pendant plusieurs années. Voilà comment il s'exprime au sujet de celle de 1349. D'autre part une inscription funéraire du contrefort situé en face de l'entrée du cloître de l'église St-Gengoult rappelle *la fondation d'une chapellenie par X... et sa femme, morts la semaine de la dispersion des apôtres, en 1349, année de la grande mortalité.*

1516. — Elle existait alors en Allemagne et le registre CC, 9, la constate à Toul ; mais elle ne paraît avoir été ni très-sérieuse, ni longue, du moins d'après les comptes du dernier trimestre de l'année, car les trois autres manquent. Le nombre des gardes aux portes de la ville fut augmenté pendant la durée de la maladie, comme du reste cela se faisait chaque fois.

En 1522-1523, alors que son foyer principal était en Italie, elle reparaît chez nous ; mais comme bien des registres de cette époque manquent, il n'est pas possible de juger si elle a eu l'importance que lui attribuent les auteurs qui en parlent (*Hist. ecclésiast. et polit. du diocèse de Toul*, p. 608, 614, 620. — *Topographie médicale du doct. Leclerc*, p. 77. — *Écoles épiscop.*, par M. l'abbé Guillaume). Ce qu'il y a de certain, c'est que le fléau a existé et que les malades étaient conduits et soignés à la porte de *la Rousse* et au *pré l'Évêque.* La ville a fourni aussi beaucoup de secours en pain. (Archives GG, 5 et CC, 11).

D'après les mêmes auteurs, 1° à la suite d'une stérilité et d'une disette si terribles qu'on en était réduit à manger les cadavres, la peste aurait enlevé, en 1524, le quart de la population; 2° et en 1528, 1529 elle se serait reproduite avec un redoublement de fureur. Aussi ne restait-il dans le pays, que ceux qui ne pouvaient trouver d'asile ailleurs. — Pour ces deux dernières époques encore, nous n'avons d'autre renseignement officiel que celui-ci : *27 novembre 1529. Nomination de Henri Barbier, pour sergent, à condition qu'il visitera les malades de la peste, le cas échéant.* (BB, 1).

Les comptes de 1543 font également défaut, mais le travail de M. Lepage, intitulé *Inventaire et documents relatifs à Toul*, dit p. 122 : « Cette année, du commencement à la fin, on mourut de la peste, en ville d'où la plupart des habitants s'étaient enfuis ».

Durant les chaleurs de 1552 elle reparut dans nos murs. Cela résulte du registre CC, 14 où on lit : *acheté 200 crampons et des clous pour enfermer les pestiférés*, 20 fr. *Aux quatre portiers et aux six sergents, en reconnaissance des peines qu'ils ont eues pendant la contagion*, 18 fr. Nous reviendrons sur cette récompense. Jean de Vosges et Pierrot Lescailler étaient spécialement employés au service des pestiférés.

En 1554 la peste, qui était en Allemagne semait de nouveau l'inquiétude et il y a en effet quelque chose de très-affligeant dans ces apparitions incessantes; mais elles donnent aussi la preuve de l'esprit de commisération qui a toujours animé le toulois. Ainsi la misère qui existait alors fit naître, par voie de cotisations et sous le nom de *caisse des pauvres*, une institution charitable analogue à celle qui existait de nos jours, avant le legs Gouvion. L'association, sous le patronage des échevins, avait onze administrateurs tant justiciers qu'enquéreurs et autres prud'hommes de la cité qui, chaque semaine, faisaient la collecte. Les deniers étaient versés dans la caisse du receveur, et chaque vendredi, après-midi, on portait les secours à domicile, suivant l'ordre des bannières (quartiers ou sections). Le n° GG, 5, des archives contient plusieurs comptes ou cahiers des collectes, notamment celui de 1562 qui, présenté semaine par semaine, se résume ainsi :

Recettes. . .	2140 lib.	9 gros	14 deniers.
Dépenses . .	2134 lib.	4 —	4 —
Excédant de recettes.	15 lib.	5 —	10 —

En 1567, cette œuvre subissait une modification importante. L'extrême indigence et le grand nombre de malheureux qu'avaient produits la cherté des vivres et les guerres rendirent nécessaire le versement des cotisations dans les caisses hospitalières. En même temps le conseil de la cité, pour rendre la mesure plus efficace encore, nommait une commission administrative des hospices, chargée de pourvoir à l'admission, au traitement et à l'administration des pauvres (BB, 1, p. 202). Une association semblable fonctionnait en 1754 et recevait 600 fr. de la caisse municipale (ii, 4). Tout cela non compris les secours exceptionnels que bien des circonstances rendaient nécessaires. Par exemple, lors du long et rigoureux hiver de 1740, la caisse municipale intervenait, à elle seule, pour 2,000 fr. dans une collecte, et l'évêque donnait pour 100 fr. de pain par jour (ii, 5, p. 611).

On est heureux d'avoir à signaler de tels actes et de penser que, si la mort se montrait insatiable, du moins les victimes expiraient en bénissant ceux qu'elle épargnait. Revenons à la série des désastres.

1576, 1577, 1578, époque où Charles Borromée donna un si noble exemple d'abnégation et de charité. C'est aussi une des dates où la peste dura le plus longtemps à Toul ; elle y commença en août 1576 et ne se termina qu'en avril 1578, mais avec quelques intermittences. Dès son apparition, non-seulement les simples citoyens mais les fonctionnaires non retenus par le service s'enfuirent. Ainsi 1° le corps municipal ne se composait plus que du maître échevin, toujours exemplaire dans ces tristes circonstances et qui était alors Renauld du Pasquier, du procureur général de la cité (Claude de Ramberviller), du maître des Dix (Joseph Baillard) et de trois ou quatre autres membres. 2° Le 24 septembre, les chanoines, non empêchés par leur ministère, informaient la municipalité de leur départ, mettaient l'église cathédrale sous sa protection et l'assuraient de l'intervention du Chapitre dans les dépenses nécessitées par la nourriture des malheureux et le soulagement des pestiférés en loges.

Le départ, aussitôt les premiers symptômes de l'invasion, était indispensable pour celui que le devoir ne retenait pas, autrement on se serait exposé à ne pas être reçu ailleurs. Ajoutons que cette fuite n'était pas toujours dictée par l'instinct de la conservation. Le receveur des deniers publics explique ainsi, par lettre, son absence : « .... Ayant laissé en ville, sous ma responsabilité et aux ordres des magistrats, un mandataire, le service intra-muros ne souffrira pas et, au dehors, *je pourrai plus sûrement et souvent trafiquer la marchandise à Nancy et autre part où je ne serais pas reçu si je demeurais ou fréquentais en la cité* ».

Effectivement la marche des affaires, dans ce qu'elles avaient d'essentiel suivait son cours ordinaire, par exemple : 1° en septembre et octobre, les assemblées et autres formalités nécessaires pour le renouvellement des justiciers et des enquéreurs eurent lieu comme d'habitude. Seulement les membres de la vieille et de la nouvelle justice qui s'étaient retirés à Chaudeney, Bicqueley, Blénod, Grand-Ménil, Bruley, Francheville, Manoncourt, Andilly, furent prévenus que, par suite des circonstances, l'installation n'aurait pas lieu suivant la coutume et le cérémonial d'usage (1) et que leur serment serait reçu à la porte au Woids, le 12 octobre. Presque tous se trouvèrent au rendez-vous et remirent au maître-échevin un plein pouvoir qu'ils renouvelèrent le 24 mai 1577. 2° Également en octobre, la municipalité achetait 400 bichets de blé pour qu'on ne manquât pas de pain. Elle levait les impôts à l'époque voulue, etc. ; seulement, par exception, elle fut autorisée à avancer les gabelles non perçues.

(1) Voir BB, I et les ouvrages précités de MM. l'abbé Guillaume, p. 25-33, Daulnoy et Pillement, p. 37-49, pour ce qui concerne ce cérémonial.

La maladie ayant commencé par le faubourg St-Mansuy, toute communication avec lui fut interdite. Nul ne devait non plus sortir de son habitation *dès que le danger y existait.* Le 9 novembre 1576 et le 24 janvier 1577 quatre habitants et leurs familles furent bannis à tout jamais pour avoir contrevenu à ces dispositions.

Telle est l'analyse des notes très-intéressantes contenues dans le cartulaire BB, 1, p. 241, 244, 246, 248, 250-252.... Aux noms des personnes qu'il cite comme ayant rendu des services pendant l'épidémie, il y a lieu d'ajouter les suivants, extraits du registre CC, 17, relatif à 1577-1578 : le procureur de la ville ; Jean Claudel, justicier, les deux Demange, Caillé, Crabouillet, les six sergents, une femme dont on n'indique pas le nom. Le boulanger, la cuisinière de la Maison-Dieu et le pauvre que cet établissement entretenait aux loges pour le service des pestiférés furent aussi récompensés. (Comptes des dépenses de la Maison-Dieu, 1577).

1582. — La grande peste de Provence qui, en 1580 et 1581, ne laissa que 3000 habitants à Marseille avait jeté partout la crainte; mais elle épargna à peu près notre contrée. Le cartulaire BB, 1, p. 247 dit seulement que Jean Mangeot a été commis avec le maître des Dix, pour vaquer et s'entendre au fait et soulagement des pestiférés de la ville et du dehors. D'autre part il résulte ceci des comptes de la Maison-Dieu (juin 1582 à juin 1583): en juin 1582, la maladie apparut à la Maison-Dieu et deux enfants en moururent. Le gouverneur, dont l'hôtel était voisin, demanda aussitôt la construction de loges pour y transporter les pauvres dudit hôpital; l'emplacement fut *sous Vachévigne* où l'on resta environ deux mois. Pendant cette durée, l'établissement de Toul fut cramponné et son vin, son lard, ses farines ayant été consignés comme suspects, il fallut momentanément en acheter d'autres. Voici, sous ces divers rapports, un extrait des comptes : pain, 203 fr.; viande, lard, 109 fr.; vin (celui pour les ouvriers compris) 150 fr. Au serrurier, pour avoir décramponné les portes de la Maison-Dieu, 8 fr. L'enlèvement des loges, par plusieurs hommes, a duré trois jours.

La maladie ne paraît pas avoir été bien grave. Le boulanger en est mort et sa femme, qui le soignait, a continué ensuite son œuvre de dévouement près des autres malades. Un sergent était attaché à l'établissement. Le maître barbier qui, à ce titre, devait visiter les pestiférés, se nommait Bastien Marson et s'est acquitté de sa tâche avec zèle. (Registres de la Maison-Dieu).

A cette occasion, il y a deux faits importants à rappeler, au point de vue médical: — 1° Bastien Marson et Jean Beauprey ou Belprey, qui exerçaient encore de 1584 à 1608, sont les deux derniers maîtres barbiers dont les noms se trouvent dans nos archives comme chargés du soin des malades; 2° les trois premiers médecins inscrits sont : Jean Martin, 1599 Renard, d.-m. (1617-1618) et Jean Brutte (1631), si souvent cité dans les épidémies ultérieures.

1625-1630. — D'après M. l'abbé Guillaume *(Annales de Demange Bussy*, annexées aux *Mémoires de Jean du Pasquier)*, 1° en 1625 on mourrait de la peste à Colombey, Vicherey, etc., et on exigeait de ceux qui entraient en ville le serment qu'ils ne venaient pas de lieux dangereux; 2° en 1627, la peste continuait dans le voisinage de Toul et à St-Nicolas : 3° en 1629, pour le même motif, la foire de St-Mansuy n'eut pas lieu.

Durant cette période de 1625-1630, la peste a, en effet, constamment existé en Europe. Voici les principaux points attaqués : 1625, Palermes, Londres, Metz; 1626, Toulouse; 1627, la Lorraine; 1628, 1629, la ville de Lyon où elle enleva 70000 personnes; plusieurs familles de notre pays furent de celles qui allèrent la repeupler. (Livre des enquér., f. 75): 1629, 1630, Milan, également très-éprouvé. (Pour 985, 1524, 1552, voir aussi la *Notice sur Toul* par C. L. Bataille, p. 61, 140).

1630. — (Extr. du compte de Cl. Bayon, receveur (CC, 36).

En mai 1630 le fléau se manifesta avec des symptômes alarmants; en juin il y avait par jour 25 à 30 personnes mortes ou transportées aux loges ou huttes qu'on fit construire au nombre de plus de 500. Dès le début, la ville devint déserte mais, comme d'habitude, le maitre échevin, alors François Hénard, le procureur général, suppléé par Claudin Ducceigent, le secrétaire Baillivy se trouvaient à leur poste, s'occupant des affaires et notamment des pestiférés. Ils étaient secondés par les sieurs Challon, conseiller, et Claude Bayon, comptable et, comme en 1576, ils avaient un plein pouvoir de leurs collègues absents.

Par suite des désertions, le plus grand nombre des victimes se composait de pauvres gens et de soldats n'ayant pour les soulager que les personnes aux gages de la ville et les hommes dévoués indiqués ci-dessous. Le comptable lui-même, *chargé déjà de plusieurs charbons et autres bénéfices de la contagion*, fut obligé, en août, d'abandonner la ville. L'épidémie cessait en décembre. D'après le registre CC, 25, voici les noms des hommes dévoués à ajouter à ceux déjà cités : Chastelain, premier chirurgien, Durand-Guerard, commis au soulagement et à la nourriture des pestiférés, Dustache Copiniot, ancien justicier, commis à la distribution des aumônes de la ville, les deux commis des logements militaires, les six sergents, les bannerets et les gardes des vignes qui relevaient les malades et les morts dans les champs. Sont désignés encore les pères Cordeliers, les Capucins et nominativement Pierre Hermite et le père Pacifique. Les premiers, logés rue des Fèvres, s'occupaient des malades en ville et les seconds étaient aux loges construites dans le pré l'Evêque. Ce pré, situé entre la ville et la rivière, était à l'emplacement qu'occupent les casernes, la poudrière et les remparts, derrière la cathédrale; il servait aussi au tir des arbalétriers.

La gravité de l'épidémie et l'importance numérique des troupes présentes (1) rendirent la situation financière de Toul bien difficile. Son compte annuel se résumait ainsi :

Recettes ordinaires et extraordinaires. .	13304 fr.
Dépenses.	13215 fr.
Excédant de dépenses. . . .	9909 fr.

On fut obligé de recourir à un emprunt de 16000 fr. (CC,26).

1631. — (CC, 25 et 26). En juillet, ordre est donné de faire sortir tous les habitants inconnus, en prévision de la peste; de ne point trafiquer avec le dehors et de ne point aller râteler dans les prés *avant les lœuvres faites* (les lotions au vinaigre) et de faire savoir tout cas de maladie qui se déclarerait. Ces deux registres permettent aussi de se faire une idée de l'organisation du service en temps de peste.

(1) Le logement des gens de guerre se composait alors d'au moins 3000 hommes, non compris la compagnie du gouverneur, autre point sur lequel nous espérons pouvoir publier quelques notes. A l'occasion de l'épidémie, on avait construit, à la troupe, des huttes sur les fossés de la place et ailleurs.

Le maître échevin aidé des membres du corps municipal présents avait la haute direction de toutes les affaires et l'un de ses conseillers était spécialement commis à l'affection contagieuse. Les bannerets avaient soin qu'aucun malade ne restât inconnu. Les sergents veillaient en outre à l'exécution de tous les ordres et réglements. Des personnes de bonne volonté se dévouaient, sous la direction des médecins au soulagement des malades qui étaient, autant que possible, transportés aux loges. Les gardes des vignes recherchaient les malades et les morts dans les champs.

Le médecin stipendié était Jean Brutte qui montra tant d'abnégation dans ces diverses invasions. Le registre CC, 27, cite aussi Louis Bonnart, chirurgien et Mathiot, docteur en médecine. Le commis à l'infection était le même qu'en 1630 et les trois bannerets surtout cités étaient Claudin Marc, Demange Saulnier et Jean Marlier qui paraît avoir été intrépide. Cette fois les Cordeliers furent aux loges et les Capucins en ville.

La maladie prenait fin en décembre et, à cette époque, Jean Brutte était en quarantaine. Claude Parentin dit Placquart qui avait soigné les malades et enterré les morts tant de la ville que des loges, en subissait aussi une de 18 jours, en janvier 1632.

Le budget, cette année se réglait ainsi :

Recettes ordinaires et extraordinaires. .	24448^{l} 4^{s} 11^{d}.
Dépenses.	28394
Excédant de dépenses. . . .	3945^{l} 7^{s} 5^{d}.

1632. - M. l'abbé Guillaume dans son extrait des Annales de Demange Bussy, annexées aux Mémoires de Jean du Pasquier, porte à 3000 le nombre des victimes de la peste en 1630 et à 2000 celui de 1632-1633. Il ajoute : « En mars, avril, mai 1632, les églises, à Toul, étaient fermées à cause de la peste ».

Le livre des enquéreurs (FF, 11, p. 84) dit seulement, au sujet de 1632 : « La ville fut quelque peu affectée de la maladie contagieuse qui continua jusqu'au commencement de décembre, mais beaucoup moins qu'en 1630. »

De l'ensemble des registres CC, 26 et 27, il résulte qu'elle n'a pas été aussi grave qu'en 1630, mais qu'elle a malheureusement eu encore une trop grande importance.

Elle semble effectivement remonter au mois de mars, car on lit dans les dépenses du commencement d'avril : « Au commis à la bourse des pauvres, pour être distribués le vendredi-saint et le mardi de Pâques, aux pauvres qu'on n'a pas voulu laisser entrer en ville, à cause de la maladie, 44 fr.» Elle a duré jusqu'en décembre et voici les noms des hommes qui se sont surtout dévoués et qui ont reçu des témoignages de gratitude de la ville: Durand Guerard, commis au service de l'affection; le chirurgien Jean Brutte et les pères qui le secondaient; les sergents et les bannerets déjà cités, surtout Jean Marlier et Demange Saunier qui, pendant cinq mois, n'a cessé de s'occuper du soulagement des malades et de veiller à l'enterrement des morts; les gardes des vignes; François Ragadot qui visitait les malades et les conduisait aux loges, tant le jour que la nuit; Claude des Preget, pourvoyeur des pauvres affligés, etc.

En décembre, un arrêté prescrivit de nettoyer, purifier les maisons et les meubles infectés (lits, paillasses, couchages, etc.) et de les parfumer. On fit venir de Baccarat un aéreur pour présider à cette opération. Il était enjoint de désinfecter aussi les loges que les propriétaires avaient dans les champs, sans quoi elles seraient brûlées. Un bourgeois, boulanger, dont il existe probablement encore des descendants et qui avait eu des enfants atteints de la contagion sans se conformer aux réglements, était passible de peines très-graves; mais *par miséricorde, il obtint grâce et pardon;* on l'obligea simplement à quitter la ville pendant deux mois et à verser cent francs barrois dans la caisse des pauvres (FF, 11, fol. 84).

1634. — Il y eut quelques cas de peste, mais sans importance et nous ne le mentionnons que pour ne rien omettre (CC, 30).

1635. — En novembre la contagion se fit pressentir, surtout parmi les militaires. On disposa, pour les malades, une salle dans la grange de la ville qui eut seulement quatorze victimes dont deux soldats morts sur la voie publique (CC, 33).

1636. — Nimègue, en Hollande, fut le point de l'Europe le plus spécialement atteint: il l'avait déjà été en 1635.

On peut se faire une idée de l'importance du fléau, à Toul, par les relevés suivants des registres CC, 33, et 35:

	Nombre.	Sommes.
Maisons pattées et cramponnées. .	500	417 fr.
Recettes ord. et extr. de l'année. .		27699 fr.
Dépenses.		34936 fr.
Excédant de dépenses. . .		7237 fr.

L'invasion, commencée en avril, se continuait en janvier 1637, quoiqu'à un moindre degré et l'organisation des secours fut la même que les autres fois, sauf quelques modifications. Le médecin stipendié avait sa loge près de celle des malades. Les Cordeliers ne furent point appelés, mais les Capucins étaient plus nombreux. Le père Hermite, qui n'habitait point Toul et qui jouissait d'une grande réputation médicale, fut envoyé par le roi.

Parmi les mesures essayées, on pratiqua l'incinération des immondices de la ville: l'opération se faisait sur les remparts et au dehors de la cité.

Bien des personnes furent trouvées mortes sur les chemins, notamment 2 à la *Belle-Croix* (où existe le parc d'artillerie); 1 entre les deux côtes; 2 sur d'autres chemins, etc.

Les personnes citées et récompensées furent: le chirurgien Jean Brutte; Mangeot, commis, du nombre des Dix; les Capucins et François Ragadot, qui les secondait; Durand Guerard, commis à l'affection et son adjoint Jacques Contelier; les cinq bannerets Demange Rambot, Gaspard Margueron, Nicolas Dieu, Jean Guillaume et Pierre Aubry qui allaient chaque jour s'informer des malades; les sergents pour la santé Fr. Gardot, J. Toussaint, Cl. Robin; les gardes ruraux; Bastien Baudoin, conducteur des malades et des morts.

1637. — La maladie se continua en 1637 et en janvier on cramponnait une vingtaine de maisons; mais elle fut peu sérieuse et en mai elle avait disparu (CC, 35).

Un avocat d'alors a composé un poème sur les horreurs de la peste (*Études sur Toul* par C. F. 1876, p. 113).

En 1668 on fut sous le coup d'une nouvelle atteinte et le 5 mai on recevait, de St-Mihiel, par un exprès, des lettres à ce sujet; mais on eut seulement à conduire, d'une étape à l'autre, quelques soldats malades (CC, 148).

1649. — On lit dans CC, 187, *qu'un des échevins fut envoyé à Verdun pour consulter sur les maladies facheuses qui régnaient en cette ville;* mais les sages précautions prises n'eurent pas à servir.

En sorte que l'ère des pestes, envisagées d'une manière générale, peut être considérée comme ayant pris fin en 1637. Cette date coïncide avec celle des grandes entreprises de Sully et de Louis XIV, relatives à l'agriculture, aux lettres et aux sciences, auxquelles on doit cet heureux résultat. Depuis lors, en effet, la peste ne fut plus ni si générale ni si souvent répétée et, en ce qui concerne Toul, nous n'avons pas eu le contre-coup d'une quinzaine d'autres qui se sont produites dans la dernière moitié du 17e siècle et au commencement du 18e; de celle, par exemple, apportée en Espagne par la flotte des Indes (1648), de celles d'Allemagne (1660), de Malte (1676), de Constantinople, d'où l'on sortait, en un jour, par une seule porte, 1800 cadavres (1705), de Marseille, déjà rappelée, etc.

En terminant cette énumération de dates si funestes à nos ancêtres et après un hommage rendu à des dévouements qui rappellent à plusieurs de nos contemporains des différentes classes sociales, quelques-uns de leurs aïeux, nous ne saurions passer sous silence les efforts de ces hommes qui, dévoués à la science, à la médecine, à l'humanité, ne craignaient pas de se faire les habitants des loges et d'exposer leur vie, pour disputer à la mort celle de leurs concitoyens. Leurs familles sont presque toutes éteintes; mais, comme témoignage de gratitude envers le corps auquel ils appartenaient, en voici les noms ainsi que ceux inscrits dans les archives municipales ou dans celles de la Maison-Dieu, antérieures à 1790.

ARCHIVES MUNICIPALES.

(BB, 4, 6, 22, 24, 47, 49, 60; CC, 12, 25, 26, 27, 30, 33, 35, 41, 296, 297, 360, 388, 442; FF, 11 ; II, 5, 16).

Geoffroy, apothicaire, 1524 ; Jean Martin, chirurgien, 1599; Jean Brutte, chirurgien, médecin de la contagion, 1608; Chastelain, maître chirurgien, 1630; Louis Bonnart, chirurgien, Mathiot d. m. et Cl. Praly, apothicaire, 1632; Claude Mathis, médecin stipendié et Nicolas Olrion, d. m. de l'Université de Montpellier, son successeur, 1661 ; Jacques Mouzin, d. m. 1663; Georges Bornet, 1665; Louis Croyzieux, 1674; Vosgin, 1682; Ragan et Nollet 1696 et 1726; Pierre Villard, maître chirurgien, 1729; François Desroche, chirurgien, 1732; Molerat, 1733; Jean-Claude Thirion, d. m., médecin du roi, 1738, stipendié, d'abord honoraire, puis rétribué en 1749, (Maison-Dieu, 1763), mort en 1779; Pierre Vincent, maître chirurgien, greffier de la communauté des maîtres chirurgiens de la ville et de toute la lieutenance, 1750 (BB, 29, fol. 79); Perrot et du Bourg, maîtres chirurgiens, 1744; Blanchard, maître chirurgien, accoucheur, 1773; Grégoire Buthod et Louis Thirion, médecins stipendiés, 1779-1790.

ARCHIVES DE LA MAISON-DIEU.

Du Pasquier (1) apothicaire (registres de 1582-1583, 1617-1618, 1629-1630 et CC, 27 (1632-1633); François Belprey, maître chirurgien, 1584; Nicolas de Mullet, maître opérateur, 1608-1609; Gillet, chirurgien et Renard, d. m. 1617-1618; Bonnard, chirurgien, 1629-1630; Reine, chirurgien, 1721; Drouel, médecin; Desroches, chirurgien, 1721; Garnier, chirurgien, 1763.

(1) Ce nom étant souvent répété dans nos archives et les *Mémoires de Jean du Pasquier* dont s'était déjà occupé M. l'abbé Guillaume, en 1866, venant d'être publiés par MM. Daulnoy et Pillement, nous n'avons par cru inutile de donner, incidemment, la note suivante :

Il y eut plusieurs familles de du Pasquier. Voici les personnes de ce nom inscrites dans les archives de 1550 — 1700 et dont quelques-unes exercèrent des fonctions très-importantes dans les temps que nous rappelons:

Renault du Pasquier, justicier en 1551-1552 (CC, 14), maître échevin en 1567 (BB, 1, p. 119), justicier en 1577-1578.

Renault du Pasquier, sans autres désignations (registre de la Maison-Dieu, 1582-1583, où il est dit : *à Renault du Pasquier, pour drogues fournies.....*).

Du Pasquier, apothicaire (Maison-Dieu, registres de 1617-1618 et 1629-1630) probablement le même que Louis Dupasquier, apothicaire (CC, 27, 1632-1633), mort de 1630 à 1632.

Renault du Pasquier, procureur général de la cité en 1588-1636, mort en 1643, paroisse St-Amand (aujourd'hui St-Gengoult). Il avait succédé à Claude de Ramberviller dont la peste de 1576-1578 rappelle le dévouement.

Jean du Pasquier auquel la charge de procureur général fut assurée en 1619; mais, par suite de la réserve faite à l'art. 2, p. 30 de ses Mémoires publiés par M. Daulnoy, il n'en devint réellement titulaire qu'en 1636. Aussi son nom ne commença-t-il à figurer dans les registres du comptable qu'en 1636-1637 (CC, 35, fol. 17, verso). Il l'exerça d'une manière effective jusqu'en 1655, mais d'après l'entête et la clôture des dits registres, à partir de 1655 il fut secondé par le suivant.

Alexis du Pasquier, en 1660, devint le successeur de Jean (CC, 135). Il mourut dans l'exercice de ses fonctions, en 1668, paroisse St-Agnian.

Son fils, François du Pasquier, avocat au parlement, épousait en 1691 (même paroisse) Anne de Mexey, autre famille très-connue dans les annales de Toul. Il devint lui-même échevin en 1696, et son nom se trouve ainsi mêlé à ceux des Bicquilley, Collot, Daulnoy, Pillement, Thouvenin, Louis, Déguilly, Balland, Naquard, etc., qui remplirent également ces fonctions.

REGISTRES DE 1790 ET 1791.

(G, 8 et *service de la garde nationale).*

Charles Garnier, Sébastien Blanchard, François Desfarges et Pierre Lhuillier, chirurgiens; Grégoire Buthod et Louis Thirion, médecins; Louis Lebègue, Joseph Poriquet, J. B. Cuny et Sébastien Bourcier, apothicaires. Plusieurs de ces noms se retrouvent dans les archives municipales indiquées précédemment.

Tous les médecins et les chirurgiens, en recevant l'autorisation d'exercer à Toul, prenaient l'engagement de visiter les hopitaux et les charités et de traiter favorablement les malheureux; en compensation ils étaient dispensés de toutes les charges qui pesaient sur les bourgeois, même du logement des gens de guerre (BB, 4, fol. 57, 95, 129, BB, 6, fol. 11, 141, etc.). Il y avait en outre un médecin stipendié auquel on en ajouta un second, à partir de 1779.

En 1775, le service se compléta par l'adjonction de deux matrones subventionnées qui accouchaient gratuitement les femmes pauvres : les premières nommées s'appelaient Pentagaine et Baptiste, du nom de leurs maris (CC, 359, cahier des *octrois).*

NOTA. — **Enfants exposés et tours.**

L'emploi des deux noms pourrait peut-être laisser croire à l'existence d'un tour à Toul; mais il n'y en a pas eu. Comme nous l'avons dit, les enfants étaient déposés, sinon toujours au moins le plus souvent, à la porte de l'hospice ou de la Maison-Dieu où ils étaient recueillis. De là on les conduisait à Nancy. Le dernier reçu date de 1837, c'est-à-dire de la même époque que 1° les *Instructions du Préfet de police relatives aux enfants trouvés et abandonnés* ; 2° et *la suppression d'un crédit* ad hoc *au budget.*

Les enfants trouvés coûtaient annuellement 900 francs à la Ville (voir aux archives les budgets de cette époque) y compris ceux qui, en 1832-1836, avaient été conduits directement à Nancy et ne figurent point p. 24.

TABLE.

(1) Le relevé relatif aux vents, p. 16, concerne Toul et provient de la même source que celle indiquée, p. 15.

ERRATA

P. 20, au lieu de tableau E il faut tableau E, F.
P. 31, 32, — — G, H, — tableau F.

Tableau A. rance entière, 1866, 1867.

Moyenne par jour des éléments de la population. Classement des mois d'après la moyenne par jour.

	Conceptions moins celles des mort-nés	Classem^t (1)		Naissances (1)	Mort-nés	Classem^t	Mariages	Classem^t	Décès.	Classem^t
Janv.	2647	8	Janv.	2845	145	2	1023	3	2565	2
Fevr.	2725	6	Fevr	3027	149	1	1274	1	2501	4
Mars	2630	11	Mars	3036	145	3	532	11	2684	1
avril.	2830	4	avr.	2902	137	4	858	5	2536	3
mai	3009	2	mai	2757	128	5	821	6	2359	7
Juin	3036	1	Juin	2632	121	8	953	4	2203	11
Juill.	2906	3	Juil.	2614	119	12	791	8	2281	9
aout.	2757	5	aout	2633	119	10	608	10	2418	6
Sept.	2632	10	Sept.	2688	120	9	760	9	2491	5
Octob.	2614	12	Oct.	2647	119	10	819	7	2264	10
nov.	2633	9	nov.	2725	122	7	1029	2	2188	12
Déc.	2686	7	Déc.	2624	128	6	513	12	2310	8
moyenne annuelle { hom.				515253	27822				445478	
{ fem.				491749	19315				430252	
Total annuel.	1007002			1007002	47137		301983		875730	

(1) Pour la correspondance des mois de conceptions avec ceux des naissances, voir page 22.

Tableau C. France entière. Décès par âge, 1866, 1867.

Décès par catégorie ; — part proportionnelle de chaque catégorie et de chaque âge, par 100 décès. — Classement des groupes d'après la part proportionnelle des âges.

	Moyenne annuelle.			Part proportionnelle		Classement
	Hommes	Femmes	Total	de chaque groupe	de chaque âge	
— 1 an	91900.5	75639.5	167540.	19.13	19.13	1
1 an à 5 a.	49592.5	48241.	97833.5	11.17	2.79	2
5 à 10	12912.	12990.5	25902.5	2.96	59	16
10 — 15	6910.5	8070.5	14981	1.72	34	19
15 — 20	10521.5	11463.5	21985	2.51	50	17
20 — 25	14954.	13882.5	28836.5	3.29	66	12
25 — 30	13210.5	13879.5	27090.	3.09	62	13
30 — 35	12711.	13778.	26489	3.02	60	15
35 — 40	13235.	13256.	26491	3.03	61	14
40 — 45	15332.5	13791.	29123.5	3.33	67	11
45 — 50	17101.5	13883.5	30985.	3.54	71	10
50 — 55	19805.5	16683	36488.5	4.16	83	9
55 — 60	22001.	18942	40943.	4.68	94	7
60 — 65	26970.5	24681	51651.5	5.90	1.18	6
65 — 70	34582.	31728.5	66310.5	7.57	1.51	4
70 — 75	32235.5	35260	67495.5	7.71	1.54	3
75 — 80	23628.	30633	54261.	6.20	1.24	5
80 — 85	17986	21198.5	39184.5	4.47	89	8
85 — 90	7745.5	9187.5	16933.	1.93	39	18
90 — 95	1751.	2472.5	4223.5	48	10	20
95 — 100	351.5	521.	872.5	10	02	21
centenaires	40.	69.5	109.5	01	002	22
Total.	445478.	430252	875730	100		

Tableau B. France entière.
Mariages en 1866 et 1867, par catégories d'âges.
Moyenne annuelle.

	Hommes			Femmes.		
	garcons	veufs	total	filles	veuves	total
— de 20 ans	7974	119	8093	62632	280	62912
20 à 25	82121	883	83004	113806	1621	115427
25 - 30	100398	3360	103758	60652	3135	63787
30 - 35	44196	5864	50060	24714	3912	28626
35 - 40	18662	6421	25083	10680	3740	14420
40 - 50	10362	8908	19270	6530	5041	11571
50 - 60	2791	6031	8822	1755	3485	5240
60 et +	626	3267	3893	"	"	"
Total	267130	34853	301983	280769	21214	301983

Tableau D. France entière. 1866 et 1867.
Décès par état civil et par sexe.
Moyenne annuelle.

	Hommes.	Femmes.	Total.
Enfants et célibataires.			
moins d'un an	91900.5	75639.5	167540..
1 an à 5 ans.	49592.5	48241.	97833.5
5 à 15	19822.5	21061.	40883.5
15 à 20	10241.5	10328	20569.5
au dessus de 20	55637.	50646.5	106283.5
Total	227194..	205916.	433110.
Mariés.			
au dessous de 20 ans	207.5	1006.	1213.5
20 ans ou plus	146825.5	120219.5	267045.
Total	147033.	121225.5	268258.5
Veufs			
au dessous de 20 ans	72.5	129.5	202.
20 ans ou plus	71178.5	102981.	174159.5
Total	71251.	103110.5	174361.5
Moyenne générale	445478..	430252.	875730.

Tableau E. Ville de Toul.

Population municipale, hospice compris.

Moyenne par âge et par état civil.

1841 – 1872

	Garç.	mariés	veufs	Total	Filles	mariées	veuves	Total	En tout
– d'un an	43			43	47			47	90
1 an à 2 ans	59			59	60			60	119
2 à 6	216			216	204			204	420
6 à 10	229			229	226			226	455
10 – 15	270			270	275			275	545
15 – 20	279	1/5		279	306	11	1/5	317	596
20 – 25	190	30	1/3	220	252	100	2	354	574
25 – 30	114	108	1	223	154	175	5	334	557
30 – 35	52	177	2	231	81	187	11	279	510
35 – 40	35	184	3	222	57	195	14	266	488
40 – 45	22	187	4	213	43	187	26	255	468
45 – 50	17	186	9	212	44	159	33	236	448
50 – 55	13	169	13	195	38	145	38	221	416
55 – 60	8	142	17	167	31	122	54	207	374
60 – 65	8	111	20	139	32	89	60	181	320
65 – 70	5	83	22	110	26	62	69	157	267
70 – 75	4	49	24	77	19	30	63	112	189
75 – 80	2	25	16	43	10	16	51	77	120
80 – 85	1	9	10	20	3	5	27	35	55
85 – 90	1/5	2½	3½	6	1	1	13	15	21
90 – 95		1½	½	2	¼	¼	2½	3	5
95 – 100							1/5	1/5	1/5
Total	1567	1464	145	3176	1909	1484	468	3861	7037

Tableau F. — Ville de Toul. — Ensemble des éléments de la population, par année, moins les transcriptions, les décès militaires et les personnes tuées ou mortes des suites de leurs blessures pendant la guerre. — Les mort-nés ne sont pas compris dans les naissances ni dans les décès.

	Naissances			Mort-nés			Mariages	Décès		
	garç.	fill.	Total	g.	f.	Tot.	Total	hom.	fem.	Total
1858-1872 (15 années)										
1872	75	74	149	5	6	11	56	77	78	155
1871	63	60	123	3	4	7	48	143	120	263
1870	85	75	160	5	3	8	25	131	127	258
1869	78	70	148	9	2	11	85	105	92	197
1868	57	65	122	5	1	6	52	78	70	148
1867	74	74	148	5	2	7	46	84	100	184
1866	57	64	121	8	3	11	59	88	82	170
1865	85	65	150	3	5	8	52	101	82	183
1864	90	62	152	4	2	6	55	84	90	174
1863	72	66	138	14	6	20	46	64	73	137
1862	71	53	124	8	4	12	54	69	69	138
1861	82	63	145	8	10	18	46	56	71	127
1860	72	72	144	9	6	15	47	72	70	142
1859	84	102	186	15	5	20	54	85	86	171
1858	85	66	151	6	8	14	51	75	96	169
Total	1130	1031	2161	107	67	174	776	1312	1304	2616
1842-1857 (16 années)										
Pour les totaux annuels, voir la brochure de 1861, p. 20, 21, 23, 33.										
Total	1399	1339	2738	136	106	242	919	1397	1684	3081
1842-1872 (31 années)										
Total	2529	2370	4899	243	173	416	1695	2709	2988	5697
Moyenne	71.61	67.81	139.42	7.84	5.58	13.42	54.61	87.39	96.38	183.77

Tableau G. Ville de Toul. *Mariages*. 1858-1872. subdivision, par âge, de la moyenne annuelle (51.733)

Filles.

		.. 20	20-25	25-30	30-35	35-40	40-50	50 ans et plus	Total
garçons	moins de 20 ans	333	20	20.					0.733
	20 à 25	3.867	6.	1.267	333	067			11.534
	25 à 30	2.933	7.333	4.333	1.534	400	267		16.800
	30 à 35	600	3.133	2.	933	200	133	0.067	7.066
	35 à 40	133	933	1.	667	400	400	067	3.600
	40 à 50		067	600	533	133	667	067	2.067
	50 à 60		067	133			133	133	466
	60 et plus							067	067
	Total	7.866	17.733	9.533	4. "	1.200	1.600	0.401	42.333
veufs	moins de 20 ans								
	20 à 25			066					0.066
	25 à 30		067	200					267
	30 à 35		133	334		066			533
	35 à 40	067	333	467	066				933
	40 à 50	067	200	534	134	066	133		1.134
	50 à 60	066	134	066	200	134	267	0.200	1.067
	60 et plus			066				13	200
	Total	0.200	0.867	1.733	0.400	0.266	0.400	0.334	4.200

Veuves.

		20-25	25-30	30-35	35-40	40-50	50 ans et plus	Total
garçons	moins de 20 ans							
	20 à 25		0.067		0.066			0.133
	25 à 30	0.066	200	0.267	134	0.066		33
	30 à 35		133	134	066	134		467
	35 à 40				134	067	.066	267
	40 à 50			133	200	200	067	600
	50 à 60						267	267
	60 et plus							
	Total	0.066	0.400	0.534	0.600	0.467	0.40	
veufs	moins de 20 ans							
	20 à 25							
	25 à 30					0.067		0.067
	30 à 35							
	35 à 40		0.066					066
	40 à 50			0.067	0.200	400	0.200	867
	50 à 60			133		400	333	866
	60 et plus					200	66	6
	Total		0.06	0.200	0.200	1.067	1.2 0	2.733

www.ingramcontent.com/pod-product-compliance
Ingram Content Group UK Ltd.
Pitfield, Milton Keynes, MK11 3LW, UK
UKHW012101240726
13965UKWH00004B/1447